幻中之幻

詹　森　詹晓颖　著

中国出版集团

世界图书出版公司

广州·上海·西安·北京

图书在版编目（CIP）数据

幻中之幻/詹森，詹晓颖著.--广州:世界图书
出版广东有限公司，2016.1（2025.1重印）
ISBN 978-7-5192-0661-1

Ⅰ.①幻… Ⅱ.①詹… ②詹… Ⅲ.①组合数学—普
及读物 Ⅳ.①O157-49

中国版本图书馆CIP数据核字（2016）第014862号

书　　名	幻中之幻	
	（HUAN ZHONG ZHI HUAN）	
著　　者	詹 森 詹晓颖	
责任编辑	钟加萍	
装帧设计	黑眼圈工作室	
出版发行	世界图书出版有限公司 世界图书出版广东有限公司	
地　　址	广州市海珠区新港西路大江冲 25 号	
邮　　编	510300	
电　　话	020-84452179	
网　　址	http://www.gdst.com.cn/	
邮　　箱	wpc_gdst@163.com	
经　　销	新华书店	
印　　刷	悦读天下（山东）印务有限公司	
开　　本	710mm×1000mm　1/16	
印　　张	15.75	
字　　数	270 千	
版　　次	2016 年 1 月第 1 版　　2025 年 1 月第 3 次印刷	
国际书号	ISBN 978-7-5192-0661-1	
定　　价	78.00 元	

前　言

自《你亦可造幻方》（丛书："棘手又迷人的数学"，科学出版社 2012.3）一书
出版以来，由于《你亦可造幻方》除第三部分"构造高阶幻方的加法"中的"构造 k^2
阶完美幻方"与"对称完美幻方的加法"这两章外，讲的是构造五大类奇数阶幻方的
两（三）步法，所以一本讲述构造偶数阶主要类型幻方及"幻中之幻"幻方的著作，
是读者也是笔者一种很自然的期待，是笔者的一种社会责任．经过近四年的努力，《幻
中之幻》即将出版，笔者总算给读者也给自己有了一个交代．

《幻中之幻》一书承继《你亦可造幻方》一书的五个特点：①不是仅向读者展示
要讲述的各类幻方，而是通过简单的图示法，让读者自己也能构造出该类幻方；②不
是只构造出单个幻方，而是能构造众多的该类幻方；③不是只构造出指定阶数的该类
幻方，而是能构造出任意阶的该类幻方；(4)这些方法都已给出理论证明，并发表在相
关的刊物上；⑤ 所讲述的这些类型的"幻中之幻"，它们的构造方法许多都是未曾有
人解决过的．

《幻中之幻》共三部分．第一部分，平面的幻中之幻．首先讲述构造双偶数阶最
完美幻方的三步法，以其为基础在随后各章展开讲述构造最完美的易位幻方，最完美
的砍尾巴幻方，最完美的掐头去尾幻方，由最完美幻方构成的幻矩形等等的方法．以
构造奇数阶对称完美幻方的两步法为基础，讲述构造对称完美的易位幻方，对称完美
的砍尾巴幻方，对称完美的掐头去尾幻方，由对称完美幻方构成的幻矩形等等的方法．

接着的两章，给出了构造阶数是 3 的倍数的奇数阶完美幻方的方法，连同《你亦
可造幻方》一书中的构造奇数阶完美幻方的两步法．至此，构造任何奇数阶完美幻方
的方法问题就得到了完全的解决．

由于构造奇数阶幻方的两步法的简单性，一个很自然的想法是，能否用两步法先

构造出一个奇数阶幻方,再在其基础上构造出一个偶数阶幻方?答案是可以的.那就是第一部分最后一章给出的构造单偶数阶幻方的四步法.由于其图解法中涉及一个局部的细微之处,读者要加以注意,如果想当然就会出错,这也是把它放在第一部分最后一章的原因之一.

第二部分,空间的幻中之幻,共六章.分别讲述奇数阶空间对称的幻立方,奇数阶空间对称截面完美的幻立方,奇数阶空间完美的幻立方,奇数阶空间对称完美的幻立方,双偶数阶空间更完美的幻立方,构造高阶 f 次幻立方的加法.既令读者接触幻方研究的前沿亦可自己动手去造.

第三部分,高次幻方.某些特定阶数的高次幻方是幻方研究的最前沿,在这方面,以中国幻方研究者协会为代表的幻方研究者们走在了世界的最前列.

由已知两个高次幻方构造出一个高阶同次幻方的方法,笔者已在《你亦可造幻方》构造高阶幻方的加法中给出,在 "构造高阶 f 次幻方的加法" 的论文中亦已给出理论证明.

由已知两个高次幻立方构造出一个高阶同次幻立方的方法,在第二部分第 17 章中也已给出,其理论证明类似于已发表的论文 "构造高阶 f 次幻方的加法" 中的证明.

高次幻方的研究,笔者还没有看到过系统的描述,更遑论就每一类问题的解决方法给出理论证明,这是人们继续探索的领域.

我们的这一部分,讲述构造 9 阶二次兼对称幻方及 8 阶二次兼完美幻方的方法,并探索有关机理,希望能对有兴趣的初次涉足者有些微启发.

我们以上讲述的这些类型的 "幻中之幻",中学水平的读者都可把玩.幻方好玩,你必会玩出名堂.

《幻中之幻》给出的方法显然不带唯一性,你同样可以玩出你的一套来.《幻中之幻》就是玩出来的.

目 录

第一部分　平面的幻中之幻

　　"平面的幻中之幻"与《你亦可以造幻方》（丛书"棘手而又迷人的数学"，科学出版社，2012.3）一起，系统地解决了平面主要类型幻方如何构造的问题．当然，其中一些存在或不排除存在其他方法，但许多是在这里第一次得到了解决．

　　《你亦可以造幻方》一书中除了奇数阶基本幻方外，其他幻方由于对称性，完美性及更多的其他特性已可称为幻中之幻．本部分第一章讲述的最完美幻方顾名思义自然就是幻中之幻的瑰宝，而其他各章讲述的神奇幻方，幻矩形其结构就更复杂，各有各的神奇，各有各的精彩，故本部分取名为：平面的幻中之幻．

　　本部分除讲述构造最完美幻方的三步法和构造阶数为 3 的倍数的奇数阶完美幻方的五步法和六步法外，还讲述如何借助于两步法[1]构造易位幻方，对称完美的易位幻方；砍尾巴幻方，对称完美的砍尾巴幻方；掐头去尾幻方，对称完美的掐头去尾幻方；由完美幻方构成的幻矩形．如何借助于构造最完美幻方的三步法构造最完美的易位幻方，最完美的砍尾巴幻方，最完美的掐头去尾幻方，以及由最完美幻方构成的幻矩形．

　　由于构造奇数阶幻方的两步法的简单性，一个很自然的想法是，能否用两步法先构造出一个奇数阶幻方，再在其基础上构造出一个偶数阶幻方？答案是可以的．那就是第一部分最后一章给出的构造单偶数阶幻方的四步法．由于其图解法中涉及一个局部的细微之处，读者要加以注意，如果想当然就会出错，这也是把它放在第一部分最后一章的原因之一．

　　以上各章全部是创新性成果，以大众可以接受的方式表述，以利于普及与推广．

　　各类幻方或幻矩形的构造过程，全部以图表显示，并以灰方格标示关键位置及行列变换的过程或顺移的过程．

　　众所周知，构造偶数阶幻方比构造奇数阶幻方困难，构造偶数阶最完美幻方就更困难，本部分将向你展示，构造最完美幻方的三步法是如何解决这一问题的．据作者所知, 构造阶数为 3 的倍数的奇数阶完美幻方至今为止是一个几乎没有得到解决的问题, 本部分亦将向你展示, 构造阶数为 3 的倍数的奇数阶完美幻方的五步法和六步法又是如何解决这个问题的.

第1章　构造最完美幻方的三步法

如果在一个 n 阶幻方中的任意位置上截取一个 2×2 的小方阵，包括由一半在这个幻方的第 1 行 (或第 1 列)，另一半在幻方第 n 行 (或第 n 列) 所组成的跨边界 2×2 小方阵，其中 4 数之和都等于 $2\,(n^2+1)$. 而在对角线或泛对角线上，间距为 $\dfrac{n}{2}$ 个元素的 2 个元素之和都等于 (n^2+1)（显然，后者保证了该幻方的完美性）. 则这个幻方叫作 n 阶最完美幻方 . 前人已经证明，最完美幻方的阶数一定是 4 的倍数，即必定是双偶数 . 现有的构造最完美幻方的方法是把 "可逆方" 变成最完美幻方，不易为一般读者所接受，我们另辟蹊径用简单的三步达致目标 .

1.1　4 阶最完美幻方

如何把 $1\sim16$ 的自然数安装入 4×4 的方阵中，使之构成一个 4 阶最完美幻方？

1.1.1　最简单的 4 阶最完美幻方

第一步，安装 4 阶基方阵 A .

把 $1\sim16$ 按从小到大均分为 4 组 . 第 1 列按自上而下的顺序安装自然数 $1\sim4$；第 2 列按自下而上的顺序安装自然数 $5\sim8$；第 4 列按自下而上的顺序安装自然数 $9\sim12$，第 3 列按自上而下的顺序安装自然数 $13\sim16$. 所得到的 4 阶方阵叫作基方阵 A，基方阵 A 的每一行数字之和都等于幻方常数 34 . 如图 1-1 所示 .

1	8	13	12
2	7	14	11
3	6	15	10
4	5	16	9

图 1-1　4 阶基方阵 A

第二步，对基方阵 A 做行变换，基方阵 A 上半部分不变，第 3, 4 行依次作为新方阵的第 4, 3 行，所得方阵记为 B. 如图 1-2 所示.

1	8	13	12
2	7	14	11
4	5	16	9
3	6	15	10

图 1-2　行变换后所得方阵 B

第三步，方阵 B 偶数行左右两部分交换所得方阵记为 C,所得的 4 阶方阵 C 就是一个 4 阶最完美幻方. 如图 1-3 所示.

1	8	13	12
14	11	2	7
4	5	16	9
15	10	3	6

图 1-3　4 阶最完美幻方

方阵 C 每一行，每一列上的 4 个数字之和都等于 34, 对角线或泛对角线上 4 个数之和亦都等于 34, 对角线或泛对角线上，间距为 2 个位置的 2 个数字之和都等于 16+1=17; 任意位置上截取一个 2×2 的小方阵，其中 4 数之和都等于 2（16+1)=34, 所以方阵 C 是一个 4 阶最完美幻方.

1.1.2　4 阶最完美幻方

第一步，安装 4 阶基方阵 A.

把 1～16 按从小到大均分为 4 组. 注意到 1～4 的自然数列中处于"中心"对称位置上的两个自然数，其和都等于 4+1=5, 我们共有 2 对这样的自然数 1,4 和 2,3, 在每对自然数中随意选取一个自然数，将这 2 个自然数随意排序，余下的 2 个自然数的排序必须使处于"中心"对称位置上的两个自然数，其和都等于 4+1=5. 比如我们取 2,4,1,3 这样的顺序，相应的自然数 5～8 重新按 2+4=6, 4+4=8, 1+4=5, 3+4=7 排序；自然数 9～12 重新按 2+2·4=10, 4+2·4=12, 1+2·4=9, 3+2·4=11 排序；自然数 13～16 重新按 2+3·4=14, 4+3·4=16, 1+3·4=13, 3+3·4=15 排序.

与构造最简单的 4 阶最完美幻方的三步法的第一步相同，第 1 列自上而下按 2,4,1,3 的顺序安装 1～4 的自然数，第 2 列自下而上按 6,8,5,7 的顺序安装 5～8 的自然数；　第 4 列自下而上按 10,12,9,11 的顺序安装 9～12 的自然数，第 3 列自上而下按 14,16,13,15 的顺序安装 13 ～ 16 的自然数. 所得到的 4 阶方阵叫作基方阵 A, 基方阵 A 的每一行数字之和都等于幻方常数 34. 如图 1-4 所示.

2	7	14	11
4	5	16	9
1	8	13	12
3	6	15	10

图 1-4　4 阶基方阵 A

第二步, 对基方阵 A 做行变换, 基方阵 A 上半部分不变, 第 3,4 行依次作为新方阵的第 4,3 行, 所得方阵记为 B. 如图 1-5 所示.

2	7	14	11
4	5	16	9
3	6	15	10
1	8	13	12

图 1-5　行变换后所得方阵 B

第三步, 方阵 B 偶数行左右两部分交换所得方阵记为 C, 所得的 4 阶方阵 C 就是一个 4 阶最完美幻方. 如图 1-6 所示.

2	7	14	11
16	9	4	5
3	6	15	10
13	12	1	8

图 1-6　4 阶最完美幻方

方阵 C 每一行, 每一列上的 4 个数字之和都等于 34, 对角线或泛对角线上 4 个数之和亦都等于 34, 对角线或泛对角线上, 间距为 2 个位置的 2 个数字之和都等于 16+1=17; 任意位置上截取一个 2×2 的小方阵, 其中 4 数之和都等于 2(16+1)=34, 所以方阵 C 是一个 4 阶最完美幻方.

用三步法可构造出 $2^2 \cdot 2 = 8$ 个不同的 4 阶最完美幻方. 不包括每一个 4 阶最完美幻方可以衍生出的 $4^2 = 16$ 个 (包括这个 4 阶最完美幻方) 4 阶最完美幻方.

注意到每一个由三步法得到的 4 阶最完美幻方, 如图 1-6, 其左半部分 2 列中, 任意选取 1 列与与其相距 2 列的相应列做列交换, 所得仍是一个 4 阶最完美幻方. 即得出 $2^2 - 1 = 3$ 个不同的 4 阶最完美幻方 (包括这个 4 阶最完美幻方). 作为一个例子, 如图 1-7 所示.

2	11	14	7
16	5	4	9
3	10	15	6
13	8	1	12

图1-7　对应列交换后所得4阶最完美幻方

又注意到每一个由三步法得到的4阶最完美幻方,如图1-6,其左半部分2列在左半部分中向右顺移,右半部分亦做相应的右移,所得仍是一个4阶最完美幻方.即得出2个不同的4阶最完美幻方(包括这个4阶最完美幻方).作为一个例子,如图1-8所示.

7	2	11	14
9	16	5	4
6	3	10	15
12	13	8	1

图1-8　左右两部分相应右移后所得4阶最完美幻方

所以由三步法实际上可构造出 $(2^2 \cdot 2)(2^2-1) \cdot 2 = 48$ 个不同的4阶最完美幻方.

1.2　8阶最完美幻方

如何把 $1 \sim 46$ 的自然数安装入 8×8 的方阵中,使之构成一个8阶最完美幻方?

1.2.1　最简单的8阶最完美幻方

第一步,安装8阶基方阵 A.

把 $1 \sim 64$ 按从小到大均分为8组.第1列按自上而下的顺序安装自然数 $1 \sim 8$,第2列按自下而上的顺序安装自然数 $9 \sim 16$,第3列按自上而下的顺序安装自然数 $17 \sim 24$,第4列按自下而上的顺序安装自然数 $25 \sim 32$;

第8列按自下而上的顺序安装自然数 $33 \sim 40$,第7列按自上而下的顺序安装自然数 $41 \sim 48$,第6列按自下而上的顺序安装自然数 $49 \sim 56$,第5列按自上而下的顺序安装自然数 $57 \sim 64$.所得到的8阶方阵叫作基方阵 A,基方阵 A 的每一行数字之和都等于幻方常数260.如图1-9所示.

1	16	17	32	57	56	41	40
2	15	18	31	58	55	42	39
3	14	19	30	59	54	43	38
4	13	20	29	60	53	44	37
5	12	21	28	61	52	45	36
6	11	22	27	62	51	46	35
7	10	23	26	63	50	47	34
8	9	24	25	64	49	48	33

图 1-9 8 阶基方阵 A

第二步, 对基方阵 A 做行变换, 基方阵 A 上半部分不变, 第 5,6,7,8 行依次作为新方阵的第 8,7,6,5 行, 所得方阵记为 B. 如图 1-10 所示.

1	16	17	32	57	56	41	40
2	15	18	31	58	55	42	39
3	14	19	30	59	54	43	38
4	13	20	29	60	53	44	37
8	9	24	25	64	49	48	33
7	10	23	26	63	50	47	34
6	11	22	27	62	51	46	35
5	12	21	28	61	52	45	36

图 1-10 行变换后所得方阵 B

第三步, 方阵 B 偶数行左右两部分交换所得方阵记为 C, 所得的 8 阶方阵 C 就是一个 8 阶最完美幻方. 如图 1-11 所示.

1	16	17	32	57	56	41	40
58	55	42	39	2	15	18	31
3	14	19	30	59	54	43	38
60	53	44	37	4	13	20	29
8	9	24	25	64	49	48	33
63	50	47	34	7	10	23	26
6	11	22	27	62	51	46	35
61	52	45	36	5	12	21	28

图 1-11 8 阶最完美幻方

方阵 C 每一行, 每一列上的 8 个数字之和都等于 260, 对角线或泛对角线上 8 个数之和亦都等于 260, 对角线或泛对角线上, 间距为 4 个位置的 2 个数字之和都等于 $8^2+1=65$; 任意位置上截取一个 $2×2$ 的小方阵, 其中 4 数之和都等于 $2(8^2+1)=130$, 所

以方阵 C 是一个 8 阶最完美幻方．

1.2.2 8 阶最完美幻方

第一步，安装 8 阶基方阵 A．

把 $1 \sim 64$ 按从小到大均分为 8 组．注意到 $1 \sim 8$ 的自然数列中处于"中心"对称位置上的两个自然数，其和都等于 8+1=9，我们共有 4 对这样的自然数 1,8; 2,7; 3,6 和 4,5，在每对自然数中随意选取一个自然数，将这 4 个自然数随意排序，余下的 4 个自然数的排序必须使处于"中心"对称位置上的两个自然数，其和都等于 8+1=9. 比如我们取 7,3,4,8,1,5,6,2 这样的顺序，相应的自然数 $9 \sim 16$ 重新按 7+8=15，3+8=11，4+8=12，8+8=16,1+8=9，5+8=13，6+8=14，2+8=10 排序；自然数 $17 \sim 24$ 重新按 7+2·8=23, 3+2·8=19, 4+2·8=20, 8+2·8=24, 1+2·8=17, 5+2·8=21, 6+2·8=22, 2+2·8=18 排序；自然数 $25 \sim 32$ 重新按 31,27,28,32,25,29,30,26 排序；自然数 $33 \sim 40$ 重新按 39,35,36,40,33,37,38,34 排序；自然数 $41 \sim 48$ 重新按 47,43,44,48,41,45,46,42 排序；自然数 $49 \sim 56$ 重新按 55,51,52,56,49,53,54,50 排序；自然数 $57 \sim 64$ 重新按 63,59,60,64,57,61,62,58 排序．

与构造最简单的 8 阶最完美幻方三步法的第一步相同，第 1 列自上而下按 7,3,4,8,1,5,6,2 的顺序安装 $1 \sim 8$ 的自然数，第 2 列自下而上按 15,11,12,16,9,13,14,10 的顺序安装自然数 $9 \sim 16$，第 3 列自上而下按 23,19,20,24,17,21,22,18 的顺序安装自然数 $17 \sim 24$，第 4 列自下而上按 31,27,28,32,25,29,30,26 的顺序安装自然数 $25 \sim 32$；

第 8 列自下而上按 39,35,36,40,33, 37,38,34 的顺序安装自然数 $33 \sim 40$，第 7 列自上而下按 47,43,44,48,41,45,46,42 的顺序安装自然数 $41 \sim 48$，第 6 列自下而上按 55,51,52,56,49,53,54,50 的顺序安装自然数 $49 \sim 56$，第 5 列自上而下按 63,59,60,64,57,61,62,58 的顺序安装自然数 $57 \sim 64$. 所得到的 8 阶方阵叫作基方阵 A，基方阵 A 的每一行数字之和都等于幻方常数 260. 如图 1-12 所示．

7	10	23	26	63	50	47	34
3	14	19	30	59	54	43	38
4	13	20	29	60	53	44	37
8	9	24	25	64	49	48	33
1	16	17	32	57	56	41	40
5	12	21	28	61	52	45	36
6	11	22	27	62	51	46	35
2	15	18	31	58	55	42	39

图 1-12 8 阶基方阵 A

第二步， 对基方阵 A 做行变换，基方阵 A 上半部分不变，第 5,6,7,8 行依次作为新方阵的第 8,7,6,5 行，所得方阵记为 B. 如图 1-13 所示.

7	10	23	26	63	50	47	34
3	14	19	30	59	54	43	38
4	13	20	29	60	53	44	37
8	9	24	25	64	49	48	33
2	15	18	31	58	55	42	39
6	11	22	27	62	51	46	35
5	12	21	28	61	52	45	36
1	16	17	32	57	56	41	40

图 1-13 行变换后所得方阵 B

第三步，方阵 B 偶数行左右两部分交换所得方阵记为 C, 所得的 8 阶方阵 C 就是一个 8 阶最完美幻方. 如图 1-14 所示.

7	10	23	26	63	50	47	34
59	54	43	38	3	14	19	30
4	13	20	29	60	53	44	37
64	49	48	33	8	9	24	25
2	15	18	31	58	55	42	39
62	51	46	35	6	11	22	27
5	12	21	28	61	52	45	36
57	56	41	40	1	16	17	32

图 1-14 8 阶最完美幻方

方阵 C 每一行，每一列上的 8 个数字之和都等于 260, 对角线或泛对角线上 8 个数之和亦都等于 260, 对角线或泛对角线上，间距为 4 个位置的 2 个数字之和都等于 $8^2+1=65$；任意位置上截取一个 2×2 的小方阵，其中 4 数之和都等于 $2(8^2+1)=130$, 所以方阵 C 是一个 8 阶最完美幻方.

用三步法可构造出 $2^4(4\cdot3\cdot2\cdot1)=384$ 个不同的 8 阶最完美幻方. 不包括每一个 8 阶最完美幻方可以衍生出的 $8^2=64$ 个（包括这个 8 阶最完美幻方）8 阶最完美幻方.

注意到每一个由三步法得到的 8 阶最完美幻方，如图 1-14, 其左半部分 4 列中，任意选取若干列各自与与其相距 4 列的相应列做列交换，所得仍是一个 8 阶最完美幻方. 即得出 $2^4 - 1=15$ 个不同的 8 阶最完美幻方（包括这个 8 阶最完美幻方）. 作为一个例子，如图 1-15 所示.

7	50	47	26	63	10	23	34
59	14	19	38	3	54	43	30
4	53	44	29	60	13	20	37
64	9	24	33	8	49	48	25
2	55	42	31	58	15	18	39
62	11	22	35	6	51	46	27
5	52	45	28	61	12	21	36
57	16	17	40	1	56	41	32

图 1-15　对应列交换后所得 8 阶最完美幻方

又注意到每一个由三步法得到的 8 阶最完美幻方, 如图 1-14, 其左半部分 4 列在左半部分中向右顺移, 右半部分亦做相应的右移, 所得仍是一个 8 阶最完美幻方. 即得出 4 个不同的 8 阶最完美幻方 (包括这个 8 阶最完美幻方). 作为一个例子, 如图 1-16 所示.

26	7	10	23	34	63	50	47
38	59	54	43	30	3	14	19
29	4	13	20	37	60	53	44
33	64	49	48	25	8	9	24
31	2	15	18	39	58	55	42
35	62	51	46	27	6	11	22
28	5	12	21	36	61	52	45
40	57	56	41	32	1	16	17

图 1-16　左右两部分相应右移后所得 8 阶最完美幻方

所以由三步法实际上可构造出 $2^4(4\cdot3\cdot2\cdot1)(2^4-1)\cdot4=23040$ 个不同的 8 阶最完美幻方.

1.3　12 阶最完美幻方

如何把 $1\sim144$ 的自然数安装入 12×12 的方阵中, 使之构成一个 12 阶最完美幻方?

1.3.1　12 阶最完美幻方

第一步, 安装 12 阶基方阵 A.

把 $1\sim144$ 按从小到大均分为 12 组. 注意到 $1\sim12$ 的自然数列中处于"中心"

对称位置上的两个自然数，其和都等于 12+1=13，我们共有 6 对这样的自然数 1,12；2,11；3,10；4,9；5,8 和 6,7，在每对自然数中随意选取一个自然数，将这 6 个自然数随意排序，余下的 6 个自然数的排序必须使处于 "中心" 对称位置上的两个自然数，其和都等于 12+1=13. 比如我们取 5,7,10,2,12,9,4,1,11,3,6,8 这样的顺序，相应的自然数 13 ～ 24 重新按 5+12=14, 7+12=19, 10+12=22, 2+12=14, 12+12=24, 9+12=21, 4+12=16, 1+12=13, 11+12=23, 3+12=15, 6+12=18, 8+12=20 排序；自然数 25 ～ 36 重新按 29,31,34,26,36,33,28,25,35,27,30,32 排序；自然数 37 ～ 48 重新按 41,43,46,38,48,45,40,37,47,39,42,44 排序；自然数 49 ～ 60 重新按 53,55,58,50,60,57,52,49,59,51,54,56 排序；自然数 61 ～ 72 重新按 65,67,70,62,72,69,64,61,71,63,66,68 排序；自然数 73 ～ 84 重新按 77,79,82,74,84,81,76,73,83,75,78,,80 排序；自然数 85 ～ 96 重新按 89,91,94,86,96,93,88,85,95,87,90,92 排序；自然数 97 ～ 108 重新按 101,103,106,98,108,105,100,97,107,99,102, 104,116 排序；自然数 109 ～ 120 重新按 113,115,118,110,120,117,112,109,119,111,114,116 排序；自然数 121 ～ 132 重新按 125,127,130,122,132,129,124,121,131,123,126,128 排序；自然数 133 ～ 144 重新按 137,139,142,134,144,141,136,133,143,135,138,140 排序.

第 1 列自上而下按 5, 7,10,2,12,9,4,1,11,3,6,8 的顺序安装 1 ～ 12 的自然数，第 2 列自下而上按 17,19,22,14,24,21,16,13,23,15,18,20 的顺序安装自然数 13 ～ 24，第 3 列自上而下按 29,31,34,26,36,33,28,25,35,27,30,32 的顺序安装自然数 25 ～ 36，第 4 列自下而上按 41,43,46,38,48,45,40,37,47,39,42,44 的顺序安装自然数 37 ～ 48，第 5 列自上而下按 53,55,58,50,60,57,52,49,59,51,54,56 的顺序安装 49 ～ 60 的自然数，第 6 列自下而上按 65,67,70,62,72,69,64,61,71,63,66,68 的顺序安装自然数 61 ～ 72；

第 12 列自下而上按 77,79,82,74,84,81,76,73,83,75,78,,80 的顺序安装自然数 73 ～ 84，第 11 列自上而下按 89,91,94,86,96,93,88,85,95,87,90,92 的顺序安装自然数 85 ～ 96，第 10 列自下而上按 101,103,106,98,108,105,100,97,107,99,102, 104 的顺序安装自然数 97 ～ 108，第 9 列自上而下按 113,115,118,110,120,117,112,109,119,111,114,116 的顺序安装自然数 109 ～ 120，第 8 列自下而上按 125,127,130,122,132,129,124,121,131, 123,126,128 的顺序安装自然数 121 ～ 132 第 7 列自上而下按 137,139,142,134,144,141,136, 133,143,135,138,140 的顺序安装自然数 133 ～ 144. 所得到的 12 阶方阵叫作基方阵 A，基方阵 A 的每一行数字之和都等于幻方常数 870. 如图 1-17 所示.

5	20	29	44	53	68	137	128	113	104	89	80
7	18	31	42	55	66	139	126	115	102	91	78
10	15	34	39	58	63	142	123	118	99	94	75
2	23	26	47	50	71	134	131	110	107	86	83
12	13	36	37	60	61	144	121	120	97	96	73
9	16	33	40	57	64	141	124	117	100	93	76
4	21	28	45	52	69	136	129	112	105	88	81
1	24	25	48	49	72	133	132	109	108	85	84
11	14	35	38	59	62	143	122	119	98	95	74
3	22	27	46	51	70	135	130	111	106	87	82
6	19	30	43	54	67	138	127	114	103	90	79
8	17	32	41	56	65	140	125	116	101	92	77

图 1–17　12 阶基方阵 A

　　第二步，对基方阵 A 做行变换，基方阵 A 上半部分不变，第 7,8,9,10,11,12 行依次作为新方阵的第 12,11,10,9,8,7 行，所得方阵记为 B. 如图 1-18 所示.

5	20	29	44	53	68	137	128	113	104	89	80
7	18	31	42	55	66	139	126	115	102	91	78
10	15	34	39	58	63	142	123	118	99	94	75
2	23	26	47	50	71	134	131	110	107	86	83
12	13	36	37	60	61	144	121	120	97	96	73
9	16	33	40	57	64	141	124	117	100	93	76
8	17	32	41	56	65	140	125	116	101	92	77
6	19	30	43	54	67	138	127	114	103	90	79
3	22	27	46	51	70	135	130	111	106	87	82
11	14	35	38	59	62	143	122	119	98	95	74
1	24	25	48	49	72	133	132	109	108	85	84
4	21	28	45	52	69	136	129	112	105	88	81

图 1–18　行变换后所得方阵 B

　　第三步，方阵 B 偶数行左右两部分交换所得方阵记为 C, 所得的 12 阶方阵 C 就是一个 12 阶最完美幻方. 如图 1-19 所示.

5	20	29	44	53	68	137	128	113	104	89	80
139	126	115	102	91	78	7	18	31	42	55	66
10	15	34	39	58	63	142	123	118	99	94	75
134	131	110	107	86	83	2	23	26	47	50	71
12	13	36	37	60	61	144	121	120	97	96	73
141	124	117	100	93	76	9	16	33	40	57	64
8	17	32	41	56	65	140	125	116	101	92	77
138	127	114	103	90	79	6	19	30	43	54	67
3	22	27	46	51	70	135	130	111	106	87	82
143	122	119	98	95	74	11	14	35	38	59	62
1	24	25	48	49	72	133	132	109	108	85	84
136	129	112	105	88	81	4	21	28	45	52	69

图 1-19　12 阶最完美幻方

方阵 C 每一行, 每一列上的 12 个数字之和都等于 870, 对角线或泛对角线上 12 个数之和亦都等于 870, 对角线或泛对角线上, 间距为 6 个位置的 2 个数字之和都等于 $12^2+1=145$; 任意位置上截取一个 2×2 的小方阵, 其中 4 数之和都等于 $2(12^2+1)=290$, 所以方阵 C 是一个 12 阶最完美幻方.

用三步法可构造出 $2^6(6\cdot5\cdot4\cdot3\cdot2\cdot1)=46080$ 个不同的 12 阶最完美幻方. 不包括每一个 12 阶最完美幻方可以衍生出的 $12^2=144$ 个 (包括这个 12 阶最完美幻方) 12 阶最完美幻方.

注意到每一个由三步法得到的 12 阶最完美幻方, 其左半部分 6 列中, 任意选取若干列各自与其相距 6 列的相应列做列交换, 所得仍是一个 12 阶最完美幻方. 即得出 $2^6-1=63$ 个不同的 12 阶最完美幻方 (包括这个 12 阶最完美幻方).

又注意到每一个由三步法得到的 12 阶最完美幻方, 其左半部分 6 列在左半部分中向右顺移, 右半部分亦做相应的右移, 所得仍是一个 12 阶最完美幻方. 即得出 6 个不同的 12 阶最完美幻方 (包括这个 12 阶最完美幻方).

所以由三步法实际上可构造出 $2^6(6\cdot5\cdot4\cdot3\cdot2\cdot1)(2^6-1)\cdot6=17\,418\,240$ 个不同的 12 阶最完美幻方.

动手做几个属于自己的 4,8,12 阶最完美幻方, 这已经不是学者的专利了, 你会感受到成功的喜悦的. 对你而言, 16 阶最完美幻方也应不在话下.

1.4 双偶数阶最完美幻方

1.4.1 构造双偶数 $n = 4m(m = 1,2,\cdots$ 为自然数) 阶最完美幻方的步骤 [3]

第一步，安装 $n = 4m(m = 1,2,\cdots$ 为自然数) 阶基方阵 A.

注意到 $1 \sim n$ 的自然数列中处于"中心"对称位置上的两个自然数，其和都等于 $n+1$，我们共有 $2m$ 对这样的自然数，在每对自然数中随意选取一个自然数，将这 $2m$ 个自然数随意排序依次记为 $d_k(k = 1,2,\cdots,2m)$，余下的 $2m$ 个自然数记为 $d_{n-k+1}(k = 1,2,\cdots,2m)$，但必须满足条件 $d_k+d_{n-k+1}=n+1(k=1,2,\cdots,2m)$.

令 $c_j = j-1$，$j = 1,2,\cdots,2m$；$c_j = 6m-j$，$j = 2m+1,\cdots,4m$. 对于第 j 列，若 j 为奇数，自上而下按 $nc_j+d_k(k = 1,2,\cdots,n$) 的顺序安装相继的数至该列最下面的第 n 行；若 j 为偶数，自下而上按 $nc_j+d_k(k = 1,2,\cdots,n$) 的顺序安装相继的数至该列最上面的第 1 行；所得到的 n 阶方阵叫作基方阵 A，基方阵 A 的每一行数字之和都等于幻方常数 $\dfrac{n}{2}(n^2+1)$.

第二步，对基方阵 A 做行变换，基方阵 A 上半部分不变，第 $2m+1 \sim 4m$ 行依次作为新方阵的第 $4m \sim 2m+1$ 行，所得方阵记为 B.

第三步，方阵 C 偶数行左右两部分交换所得方阵记为 C，n 阶方阵 C 就是一个 n 阶最完美幻方.

n 阶方阵 C 每一行，每一列上的 n 个数字之和都等于幻方常数 $\dfrac{n}{2}(n^2+1)$，对角线或泛对角线上 n 个数之和亦都等于 $\dfrac{n}{2}(n^2+1)$，对角线或泛对角线上，间距为 $2m$ 个位置的 2 个数字之和都等于 (n^2+1)；任意位置上截取一个 2×2 的小方阵，其中 4 数之和都等于 $2(n^2+1)$，所以方阵 C 是一个 $n = 4m(m=1,2\cdots$ 为自然数) 阶最完美幻方.

用三步法可构造出 $2^{2m}((2m)!)$ 个不同的双偶数 $n = 4m(m=1,2\cdots$ 为自然数) 阶最完美幻方. 不包括由每一个 $n = 4m(m=1,2\cdots$ 为自然数) 阶最完美幻方衍生出的 n^2 个（包括这个 $n = 4m$ 最完美幻方）$n = 4m$ 阶最完美幻方.

注意到每一个由三步法得到的 $n = 4m(m=1,2\cdots$ 为自然数) 阶最完美幻方，其左半

部分 $2m$ 列中，任意选取若干列各自与与其相距 $2m$ 列的相应列做列交换，所得仍是一个 $n = 4m(m=1,2\cdots$ 为自然数) 阶最完美幻方. 即得出 $2^{2m} - 1$ 个不同的 $n = 4m$ 阶最完美幻方（包括这个 $n = 4m$ 阶最完美幻方）.

又注意到每一个由三步法得到的 $n = 4m$ 阶最完美幻方，其左半部分 $2m$ 列在左半部分中向右顺移，右半部分亦做相应的右移，所得仍是一个 $n = 4m$ 阶最完美幻方，即得出 $2m$ 个不同的 $n = 4m$ 阶最完美幻方（包括这个 $n = 4m$ 阶最完美幻方）.

所以由三步法实际上可构造出 $2^{2m}((2m)!)(2^{2m}-1)(2m)$ 个不同的 $n = 4m(m=1,2\cdots$ 为自然数) 阶最完美幻方.

吴鹤龄先生《幻方及其他》（丛书："好玩的数学"科学出版社 2004）[4] 一书第七章"进一步的幻中之幻"中有一个不知是谁发明的易位幻方，借用书中的说法，这个幻方是一个非连续数 4 阶幻方，其幻方常数为 242. 如果把幻方中所有数的个位与十位互易一下位置，它不但仍然是幻方，而且幻方常数也维持不变，仍然是 242. 很奇特.

所谓易位幻方是指，若反读幻方中的数字，所得仍然是一个幻方，且幻方常数与正读时的幻方常数相同，这样的幻方就叫作易位幻方.

能否构造出更高阶的易位幻方、易位完美幻方、易位最完美幻方？能，解决问题的方法是，首先要搞清楚这个幻方都蕴含有哪些信息，进而找出构造易位幻方的一般方法.

2.1 佚名作者的易位幻方

以下是《幻方及其他》一书中给出的易位幻方：

96	64	37	45
39	43	98	62
84	76	25	57
23	59	82	78

图 2-1 佚名作者的易位幻方

69	46	73	54
93	34	89	26
48	67	52	75
32	95	28	87

图 2-2 易位后的幻方

人们对事物的认知都是建立在前人经验的基楚上的，为要找出构造易位幻方的方法，注意图 2-1 是一个最完美幻方，其幻方常数为 242. 特点是其每一行，每一列或每一条对角线或泛对角线上四个数的十位数之和都等于 22，个位数之和亦都等于 22. 每一条对角线或泛对角线上间距两个位置的两个数字十位数之和都等于 11，个位数之和亦都等于 11. 任意位置上截取一个 2×2 的小方阵，其中 4 个数的十位数之和都等于 22，个位数之和亦都等于 22.

把图 2-1 幻方中每个数的十位数减 1，个位数亦减 1，所得就是一个幻方常数为 198 的易位幻方，也是一个最完美幻方，其每一行，每一列或每一条对角线或泛对角线上四个数的十位数之和都等于 18，个位数之和亦都等于 18. 每一条对角线或泛对角线上间距两个位置的两个数字十位数之和都等于 9，个位数之和亦都等于 9. 任意位置上截取一个 2×2 的小方阵，其中 4 个数的十位数之和都等于 18，个位数之和亦都等于 18. 如图 2-3 所示. 易位后的幻方如图 2-4 所示.

85	53	26	34
28	32	87	51
73	65	14	46
12	48	71	67

图 2-3　幻方常数为 198 的易位最完美幻方

58	35	62	43
82	23	78	15
37	56	41	64
21	84	17	76

图 2-4　易位后的最完美幻方

由于图 2-4 是一个最完美幻方，所以图 2-5 也是一个幻方常数为 198 的易位最完美幻方.

35	62	43	58
23	78	15	82
56	41	64	37
84	17	76	21

图 2-5　易位最完美幻方

把图 2-3 易位最完美幻方中的十位数作为新幻方中四位数的千位数，个位数作为百位数，图 2-5 易位最完美幻方相应位置上的十位数作为这个四位数的十位数，个位数作为个位数，就得到一个不连续四位数的 4 阶幻方，如图 2-6 所示.

8535	5362	2643	3458
2823	3278	8715	5182
7356	6541	1464	4637
1284	4817	7176	6721

图 2-6 幻方常数为 19998 的易位最完美幻方

图 2-6 是一个幻方常数为 19998 的易位幻方. 它是一个最完美幻方，其每一行，每一列或每一条对角线或泛对角线上四个数的千位数之和，百位数之和，十位数之和以及个位数之和都等于 18. 每一条对角线或泛对角线上间距两个位置的两个数字的千位数之和，百位数之和，十位数之和以及个位数之和都等于 9. 任意位置上截取一个 2×2 的小方阵，其中 4 个数的千位数之和，百位数之和，十位数之和以及个位数之和都等于 18. 图 2-6 易位后是图 2-7.

5358	2635	3462	8543
3282	8723	5178	2815
6537	1456	4641	7364
4821	7184	6717	1276

图 2-7 易位后的最完美幻方

掌握了易位幻方的特征，我们很容易就可构造出由不连续的两位数组成的 3,5,7 阶易位幻方.

2.2 3 阶易位幻方，5 阶与 7 阶易位完美幻方

2.2.1 如何构造一个 3 阶易位幻方？

图 2-8 和图 2-9 是两个 3 阶幻方. 把图 2-8 幻方中的数作为新幻方中两位数的十位数，图 2-9 幻方中相应位置上的数作为新幻方中两位数的个位数，得幻方常数为 165 的易位幻方. 其每一行，每一列或每一条对角线 3 个数之和都等于 165. 如图 2-10 所示.

8	3	4
1	5	9
6	7	2

图 2-8 3 阶幻方

6	1	8
7	5	3
2	9	4

图 2-9　3 阶幻方

86	31	48
17	55	93
62	79	24

图 2-10　幻方常数为 165 的 3 阶易位幻方

图 2-10 易位后为图 2-11.

68	13	84
71	55	39
26	97	42

图 2-11　易位后的幻方

注意, 图 2-10 不是易位完美幻方.

2.2.2　如何构造 5 阶易位完美幻方?

从 1 ~ 9 的自然数中任意选定 5 个数, 比如 1,3,6,5,8, 它们的和是 23. 任意选定另外 5 个数, 使它们的和亦是 23, 比如 9,2,7,1,4.

1,3,6,5,8, 各取 5 次, 仿照构造完美幻方的两步法[1], 得到一个不连续数的五阶完美幻方, 其幻方常数为是 23. 其基方阵如图 2-12 所示, 所得不连续数的 5 阶完美幻方, 如图 2-13 所示.

5	8	1	3	6
8	1	3	6	5
1	3	6	5	8
3	6	5	8	1
6	5	8	1	3

图 2-12　5 阶基方阵

8	1	3	6	5
6	5	8	1	3
1	3	6	5	8
5	8	1	3	6
3	6	5	8	1

图 2-13　不连续数的 5 阶完美幻方

9,2,7,1,4. 各取 5 次，仿照构造完美幻方的两步法[1]，得到另一个不连续数的 5 阶完美幻方，其幻方常数为是 23. 其基方阵如图 2-14 所示，所得不连续数的 5 阶完美幻方，如图 2-15 所示.

1	4	9	2	7
4	9	2	7	1
9	2	7	1	4
2	7	1	4	9
7	1	4	9	2

图 2-14　5 阶基方阵

4	9	2	7	1
7	1	4	9	2
9	2	7	1	4
1	4	9	2	7
2	7	1	4	9

图 2-15　不连续数的 5 阶完美幻方

以图 2-15 的列作为行得另一个不连续数的 5 阶完美幻方，如图 2-16 所示.

4	7	9	1	2
9	1	2	4	7
2	4	7	9	1
7	9	1	2	4
1	2	4	7	9

图 2-16　不连续数的 5 阶完美幻方

把图 2-13 完美幻方中的数作为新幻方中两位数的十位数，图 2-16 完美幻方中相应位置上的数作为新幻方中两位数的个位数，得幻方常数为 253 的易位幻方. 其每一行，每一列或每一条对角线或泛对角线上 5 个数之和都等于 253. 其每一行，每一列或每一条对角线或泛对角线上 5 个数的十位数之和以及个位数之和都等于 23. 它是一个易位完美幻方，如图 2-17 所示，易位后仍是一个完美幻方如图 2-18 所示.

84	17	39	61	52
69	51	82	14	37
12	34	67	59	81
57	89	11	32	64
31	62	54	87	19

图 2-17　幻方常数为 253 的 5 阶易位完美幻方

48	71	93	16	25
96	15	28	41	73
21	43	76	95	18
75	98	11	23	46
13	26	45	78	91

图 2-18　易位后的 5 阶完美幻方

注意, 图 2-13 是仿照构造完美幻方的两步法对特殊数组构造的 5 阶完美幻方, 而图 2-15 是仿照构造完美幻方的两步法对特殊数组构造的另一个 5 阶完美幻方, 而图 2-16 以图 2-15 的列作为行, 所得的易位完美幻方中就不会出现重复的数字. 如果直接由图 2-13 与图 2-15 复合, 结果如图 2-19 所示, 虽然它满足易位完美幻方的条件, 但却是一个由重复数字组成的毫无意义的数字方阵.

84	19	32	67	51
67	51	84	19	32
19	32	67	51	84
51	84	19	32	67
32	67	51	84	19

图 2-19　无意义的数字方阵

你会构造更多的 5 阶易位完美幻方了吗?

2.2.3　如何构造 7 阶易位完美幻方?

从 1 ~ 9 的自然数中任意选定 7 个数, 比如 7,5,8,6,3,1,2, 它们的和是 32.

任意选定与上述 7 个数不完全相同的 7 个数, 使它们的和亦是 32, 比如 6,9,2,3,7,1,4.

7,5,8,6,3,1,2, 各取 7 次, 仿照构造完美幻方的两步法, 得到一个不连续数的 7 阶完美幻方, 幻方常数是 32. 其基方阵如图 2-20 所示, 所得不连续数的 7 阶完美幻方, 如图 2-21 所示.

3	1	2	7	5	8	6
1	2	7	5	8	6	3
2	7	5	8	6	3	1
7	5	8	6	3	1	2
5	8	6	3	1	2	7
8	6	3	1	2	7	5
6	3	1	7	5	8

图 2-20　7 阶基方阵

1	2	7	5	8	6	3
5	8	6	3	1	2	7
3	1	2	7	5	8	6
7	5	8	6	3	1	2
6	3	1	2	7	5	8
2	7	5	8	6	3	1
8	6	3	1	2	7	5

图 2-21　不连续数的 7 阶完美幻方

6,9,2,3,7,1,4, 各取 7 次, 仿照构造完美幻方的两步法, 得到另一个不连续数的 7 阶完美幻方, 幻方常数是 32. 其基方阵如图 2-22 所示, 所得不连续数的 7 阶完美幻方, 如图 2-23 所示.

7	1	4	6	9	2	3
1	4	6	9	2	3	7
4	6	9	2	3	7	1
6	9	2	3	7	1	4
9	2	3	7	1	4	6
2	3	7	1	4	6	9
3	7	1	4	6	9	2

图 2-22　7 阶基方阵

1	4	6	9	2	3	7
9	2	3	7	1	4	6
7	1	4	6	9	2	3
6	9	2	3	7	1	4
3	7	1	4	6	9	2
4	6	9	2	3	7	1
2	3	7	1	4	6	9

图 2-23　不连续数的 7 阶完美幻方

以图 2-23 的列作为行得另一个不连续数的 7 阶完美幻方, 如图 2-24 所示.

1	9	7	6	3	4	2
4	2	1	9	7	6	3
6	3	4	2	1	9	7
9	7	6	3	4	2	1
2	1	9	7	6	3	4
3	4	2	1	9	7	6
7	6	3	4	2	1	9

图 2-24 不连续数的 7 阶完美幻方

把图 2-21 完美幻方中的数作为新幻方中两位数的十位数, 图 2-24 完美幻方中相应位置上的数作为新幻方中两位数的个位数, 得幻方常数为 352 的易位幻方. 其每一行, 每一列或每一条对角线或泛对角线上 7 个数之和都等于 352. 其每一行, 每一列或每一条对角线或泛对角线上 7 个数的十位数之和以及个位数之和都等于 32. 它是一个易位完美幻方, 如图 2-25 所示, 易位后仍是一个完美幻方如图 2-26 所示.

11	29	77	56	83	64	32
54	82	61	39	17	26	73
36	13	24	72	51	89	67
79	57	86	63	34	12	21
62	31	19	27	76	53	84
23	74	52	81	69	37	16
87	66	33	14	22	71	59

图 2-25 幻方常数为 352 的 7 阶易位完美幻方

11	92	77	65	38	46	23
45	28	16	93	71	62	37
63	31	42	27	15	98	76
97	75	68	36	43	21	12
26	13	91	72	67	35	48
32	47	25	18	96	73	61
78	66	33	41	22	17	95

图 2-26 易位后的完美幻方

注意, 图 2-21 是仿照构造完美幻方的两步法对特殊数组构造的 7 阶完美幻方, 而图 2-23 是仿照构造完美幻方的两步法对特殊数组构造的另一个 7 阶完美幻方, 而图 2-24 以图 2-23 的列作为行, 所得的易位完美幻方中就不会出现重复的数字. 如果直接由图 2-21 与图 2-23 复合, 期望进而得出易位幻方, 结果只会是一个由重复数字组成的毫无意义的数字方阵.

你会构造更多的 7 阶易位完美幻方了吗?

2.3 6 阶易位幻方, 8 阶易位最完美幻方

2.3.1 如何构造 6 阶易位幻方?

从 1~9 的自然数中任意选定其和相等的三对数, 比如 2 与 9, 8 与 3, 7 与 4. 它们的和都是 11. 三对共六个数, 各取 6 次, 构造一个不连续数的 6 阶幻方, 其幻方常数是 33. 如图 2-27 所示.

2	9	9	2	9	2
8	3	8	8	3	3
7	4	4	4	7	7
4	7	7	7	4	4
3	8	3	3	8	8
9	2	2	9	2	9

图 2-27 不连续数的 6 阶幻方

从 1~9 的自然数中任意选定其和等于 11 的与上述三对数不完全相同的三对数, 比如 6 与 5, 4 与 7, 3 与 8. 三对共六个数, 各取 6 次, 构造一个不连续数的 6 阶幻方, 其幻方常数是 33. 如图 2-28 所示.

6	4	3	8	7	5
5	7	8	3	4	6
5	4	8	3	7	6
6	4	8	3	7	5
5	7	3	8	4	6
6	7	3	8	4	5

图 2-28 不连续数的 6 阶幻方

把图 2-27 幻方中的数作为新幻方中两位数的十位数, 图 2-28 幻方中相应位置上的数作为新幻方中两位数的个位数, 得幻方常数为 363 的易位幻方, 其每一行, 每一列或每一条对角线上 6 个数字之和都等于 363. 其每一行, 每一列或每一条对角线上 6 个数的十位数之和以及个位数之和都等于 33. 如图 2-29 所示, 易位后如图 2-30 所示.

26	94	93	28	97	25
85	37	88	83	34	36
75	44	48	43	77	76
46	74	78	73	47	45
35	87	33	38	84	86
96	27	23	98	24	95

图 2-29　幻方常数为 363 的 6 阶易位幻方

62	49	39	82	79	52
58	73	88	38	43	63
57	44	84	34	77	67
64	47	87	37	74	54
53	78	33	83	48	68
69	72	32	89	42	59

图 2-30　易位后的幻方

你应该能看清图 2-27 与图 2-28 的结构了吧？你能造出 6 阶易位幻方了吗？

注意，图 2-29 是 6 阶易位幻方．不存在单偶数阶完美幻方，因而不存在 6 阶易位完美幻方．

2.3.2　如何构造 8 阶易位最完美幻方？

从 1～9 的自然数中任意选定其和相等的四对数，比如 9 与 2，3 与 8，4 与 7，6 与 5 它们的和都是 11．四对共八个数，各取 8 次，仿照第一章构造最完美幻方的三步法构造一个不连续数的 8 阶最完美幻方，其过程如图 2-31，图 2-32 和图 2-33 所示．

9	2	9	2	9	2	9	2
3	8	3	8	3	8	3	8
4	7	4	7	4	7	4	7
6	5	6	5	6	5	6	5
5	6	5	6	5	6	5	6
7	4	7	4	7	4	7	4
8	3	8	3	8	3	8	3
2	9	2	9	2	9	2	9

图 2-31　8 阶基方阵 A

9	2	9	2	9	2	9	2
3	8	3	8	3	8	3	8
4	7	4	7	4	7	4	7
6	5	6	5	6	5	6	5
2	9	2	9	2	9	2	9
8	3	8	3	8	3	8	3
7	4	7	4	7	4	7	4
5	6	5	6	5	6	5	6

图 2-32　行变换后所得方阵 B

9	2	9	2	9	2	9	2
3	8	3	8	3	8	3	8
4	7	4	7	4	7	4	7
6	5	6	5	6	5	6	5
2	9	2	9	2	9	2	9
8	3	8	3	8	3	8	3
7	4	7	4	7	4	7	4
5	6	5	6	5	6	5	6

图 2-33　不连续数的 8 阶最完美幻方

从 1～9 的自然数中任意选定其和等于 11 的四对数,比如 3 与 8,6 与 5,9 与 2,4 与 7.四对共八个数,各 8 取次,仿照上章构造最完美幻方的三步法(此处行作为列,而列作为行)构造另一个不连续数的 8 阶最完美幻方,其幻方常数是 44.注意到图 2-32 与图 2-33 是完全相同的,对于这样的数对组,构造一个不连续数的 8 阶最完美幻方只须前两步即可.过程如图 2-34 和 图 2-35 所示.

3	6	9	4	7	2	5	8
8	5	2	7	4	9	6	3
3	6	9	4	7	2	5	8
8	5	2	7	4	9	6	3
3	6	9	4	7	2	5	8
8	5	2	7	4	9	6	3
3	6	9	4	7	2	5	8
8	5	2	7	4	9	6	3

图 2-34　8 阶基方阵 A

3	6	9	4	8	5	2	7
8	5	2	7	3	6	9	4
3	6	9	4	8	5	2	7
8	5	2	7	3	6	9	4
3	6	9	4	8	5	2	7
8	5	2	7	3	6	9	4
3	6	9	4	8	5	2	7
8	5	2	7	3	6	9	4

图 2-35　不连续数的 8 阶最完美幻方

把图 2-33 最完美幻方中的数作为新幻方中两位数的十位数，图 2-35 最完美幻方中相应位置上的数作为新幻方中两位数的个位数，得幻方常数为 484 的 8 阶最完美幻方，其每一行，每一列或每一条对角线或泛对角线上 8 个数字之和都等于 484. 其每一行，每一列或每一条对角线或泛对角线上 8 个数的十位数之和以及个位数之和都等于 44. 其对角线或泛对角线上间距 4 个位置的 2 个数字之和都等于 121，2 个数的十位数之和以及个位数之和都等于 11. 任意位置上截取一个 2×2 的小方阵，其中 4 个数之和都等于 242，4 个数的十位数之和以及个位数之和亦都等于 22. 它是一个易位最完美幻方，如图 2-36 所示，易位后仍是一个最完美幻方如图 2-37 所示.

93	26	99	24	98	25	92	27
38	85	32	87	33	86	39	84
43	76	49	74	48	75	42	77
68	55	62	57	63	56	69	54
23	96	29	94	28	95	22	97
88	35	82	37	83	36	89	34
73	46	79	44	78	45	72	47
58	65	52	67	53	66	59	64

图 2-36　幻方常数为 484 的 8 阶易位最完美幻方

39	62	99	42	89	52	29	72
83	58	23	78	33	68	93	48
34	67	94	47	84	57	24	77
86	55	26	75	36	65	96	45
32	69	92	49	82	59	22	79
88	53	28	73	38	63	98	43
37	64	97	44	87	54	27	74
85	56	25	76	35	66	95	46

图 2-37　易位后的最完美幻方

注意，图 2-33 是仿照第一章构造最完美幻方的三步法对特殊数组构造的最完美幻方；而图 2-35 亦是仿照构造最完美幻方的三步法对特殊数组构造的另一个最完美幻方，但此处要行作为列，而列作为行，这样做的目的是要保证所求易位最完美幻方中不出现重复的数字．如果我们不这样处理的话，得到的将是一个毫无趣味的数字方阵．

前文我们讲述了构造 3 阶，6 阶易位幻方的方法；5 阶，7 阶易位完美幻方；8 阶易位最完美幻方的构造方法．如何构造 4 阶易位最完美幻方？你应已猜到可以仿照构造最完美幻方的三步法去得到 4 阶易位最完美幻方．至于 9 阶或 9 阶以上易位幻方的构造，似乎可以利用上述方法去解决，但作者要指出的是，所得方阵会出现重复数字，乏味得很．

作者想要告诉读者的是，当你遇到一个你感兴趣的幻方，在该类幻方的构造方法上，不论前人或别人已做到什么程度，你仍然可以按照自己的思路去探索，而必有所得，根据你对自己提出的不同层次的要求，得出不同层次的成果．

第 3 章　奇数阶对称完美的砍尾巴幻方

谈祥柏先生《乐在其中的数学》（丛书："好玩的数学"，科学出版社 2004）[5] 一书中介绍了一个 7 阶砍尾巴幻方，其本身是一个 7 阶完美幻方，在截去末位后所得的方阵仍旧是一个完美幻方，是一个构思令人称羡的幻方，尽管谈先生指出，在截尾后的该幻方中存在着重复数字，但就像美玉身上的斑点或瘢痕，仍不失其为美玉. 我们有可能获取这类美玉又不带瑕疵吗？答案是肯定的. 借助两步法你就可以办到.

3.1　7 阶完美或对称完美的砍尾巴幻方

你很自然会想到，要构造一个 7 阶完美或对称完美的砍尾巴幻方必须先构造一个 7 阶完美或对称完美幻方，再仿照同一个两步法构造一个由尾数组成的完美或对称完美幻方，两个幻方对应的元素结合所得就是一个 7 阶完美或对称完美的砍尾巴幻方.

由构造对称完美幻方的两步法[1] 得到的一个 7 阶对称完美幻方，其幻方常数是 175. 中心对称位置上两个元素之和都等于 50. 其基方阵 A 如图 3-1 所示，对称完美幻方如图 3-2 所示.

12	34	49	22	2	17	39
13	35	43	23	3	18	40
14	29	44	24	4	19	41
8	30	45	25	5	20	42
9	31	46	26	6	21	36
10	32	47	27	7	15	37
11	33	48	28	1	16	38

图 3-1　7 阶基方阵 A

34	49	22	2	17	39	12
23	3	18	40	13	35	43
19	41	14	29	44	24	4
8	30	45	25	5	20	42
46	26	6	21	36	9	31
7	15	37	10	32	47	27
38	11	33	48	28	1	16

图 3-2　7 阶对称完美幻方

从 1～9 的自然数任意选定 7 个数,比如 1,1,2,3,4,5,6 各取 7 次,仿照构造完美幻方的两步法,得到一个由 7 组相同数字组成的 7 阶完美幻方,其幻方常数是 22. 其基方阵如图 3-3 所示,完美幻方如图 3-4 所示.

4	5	6	1	1	2	3
5	6	1	1	2	3	4
6	1	1	2	3	4	5
1	1	2	3	4	5	6
1	2	3	4	5	6	1
2	3	4	5	6	1	1
3	4	5	6	1	1	2

图 3-3　7 阶基方阵 A

5	6	1	1	2	3	4
1	2	3	4	5	6	1
4	5	6	1	1	2	3
1	1	2	3	4	5	6
3	4	5	6	1	1	2
6	1	1	2	3	4	5
2	3	4	5	6	1	1

图 3-4　7 组相同数字组成的 7 阶完美幻方

把图 3-4 的数字作为新幻方的个位数,图 3-2 相应位置上数字的个位数作为新幻方的十位数,而其十位数作为新幻方的百位数,图 3-4 与图 3-2 结合所得就是一个 7 阶完美的砍尾巴幻方,如图 3-5 所示.

345	496	221	21	172	393	124
231	32	183	404	135	356	431
194	415	146	291	441	242	43
81	301	452	253	54	205	426
463	264	65	216	361	91	312
76	151	371	102	323	474	275
382	113	334	485	286	11	161

图 3-5　7 阶完美的砍尾巴幻方

图 3-5 是一个幻方常数为 1772 的 7 阶完美砍尾巴幻方, 砍尾巴后所得方阵图 3-2 是一个幻方常数为 175 的由自然数 1～49 组成的 7 阶对称完美幻方.

组成图 3-4 的数 1,1,2,3,4,5,6 是从 1～9 的自然数中可重复地随意抽取的. 如果想造出一个 7 阶对称完美砍尾巴幻方, 这 7 个数必须是中心对称的数列 (即处于中心对称位置上的两个数其和都是中位数的 2 倍), 最简单的情形是取 7 个连续的自然数, 比如我们选 2,3,4,5,6,7,8, 仿照构造对称完美幻方的两步法, 得到一个由 7 组相同数字组成 7 阶对称完美幻方, 其幻方常数是 35. 其基方阵如图 3-6 所示, 对称完美幻方如图 3-7 所示.

6	7	8	2	3	4	5
7	8	2	3	4	5	6
8	2	3	4	5	6	7
2	3	4	5	6	7	8
3	4	5	6	7	8	2
4	5	6	7	8	2	3
5	6	7	8	2	3	4

图 3-6　7 阶基方阵 A

7	8	2	3	4	5	6
3	4	5	6	7	8	2
6	7	8	2	3	4	5
2	3	4	5	6	7	8
5	6	7	8	3	4	4
8	2	3	4	5	6	7
4	5	6	7	8	2	3

图 3-7　7 组相同数字组成的 7 阶对称完美幻方

把图 3-7 的数字作为新幻方的个位数, 图 3-2 相应位置上数字的个位数作为新幻方的十位数，而其十位数作为新幻方的百位数，图 3-7 与图 3-2 结合所得就是一个 7 阶对称完美的砍尾巴幻方，如图 3-8 所示．

347	498	222	23	174	395	126
233	34	185	406	137	358	432
196	417	148	292	443	244	45
82	303	454	255	56	207	428
465	266	67	218	362	93	314
78	152	373	104	325	476	277
384	115	336	487	288	12	163

图 3-8　7 阶对称完美的砍尾巴幻方

图 3-8 是一个幻方常数为 1785 的 7 阶对称完美砍尾巴幻方，中心对称位置上两个元素之和都等于 510. 砍尾巴后所得方阵图 3-2 是一个幻方常数为 175 的由自然数 1 ～ 49 组成的 7 阶对称完美幻方．

用两步法可构造出 $((6 \cdot 5 \cdot 4 \cdot 3 \cdot 2 \cdot 1)!)^2 = (720)^2 = 518400$ 个不同的 7 阶幻方，7 阶完美幻方．48·8=384 个不同的 7 阶对称完美幻方．显然由两步法得到的 7 阶砍尾巴幻方、7 阶完美的砍尾巴幻方，7 阶对称完美的砍尾巴幻方比原先得到的幻方，完美幻方，对称完美幻方多得多．

3.2　11 阶完美或对称完美的砍尾巴幻方

要构造一个 11 阶完美或对称完美的砍尾巴幻方必须先构造一个 11 阶完美或对称完美幻方，

再仿照同一个两步法构造一个由尾数组成的完美或对称完美幻方，两个幻方对应的元素结合所得就是一个 11 阶完美或对称完美的砍尾巴幻方．

由构造对称完美幻方的两步法得到的一个 11 阶对称完美幻方，其幻方常数是 671. 中心对称位置上两个元素之和都等于 122. 其基方阵如图 3-9 所示，对称完美幻方如图 3-10 所示．

2	18	25	41	55	56	70	86	93	109	116
7	14	30	44	45	59	75	82	98	105	112
3	19	33	34	48	64	71	87	94	101	117
8	22	23	37	53	60	76	83	90	106	113
11	12	26	42	49	65	72	79	95	102	118
1	15	31	38	54	61	68	84	91	107	121
4	20	27	43	50	57	73	80	96	110	111
9	16	32	39	46	62	69	85	99	100	114
5	21	28	35	51	58	74	88	89	103	119
10	17	24	40	47	63	77	78	92	108	115
6	13	29	36	52	66	67	81	97	104	120

图 3-9　11 阶基方阵 A

18	25	41	55	56	70	86	93	109	116	2
44	45	59	75	82	98	105	112	7	14	30
64	71	87	94	101	117	3	19	33	34	48
83	90	106	113	8	22	23	37	53	60	76
102	118	11	12	26	42	49	65	72	79	95
1	15	31	38	54	61	68	84	91	107	121
27	43	50	57	73	80	96	110	111	4	20
46	62	69	85	99	100	114	9	16	32	39
74	88	89	103	119	5	21	28	35	51	58
92	108	115	10	17	24	40	47	63	77	78
120	6	13	29	36	52	66	67	81	97	104

图 3-10　11 阶对称完美幻方

　　从 1～9 的自然数任意选定 11 个数, 比如 1,1,2,2,3,4,5,6,7,8,9 各取 11 次, 仿照构造完美幻方的两步法, 得到一个 11 组相同数字组成的 11 阶完美幻方, 其幻方常数是 48. 其基方阵如图 3-11 所示, 完美幻方如图 3-12 所示.

5	6	7	8	9	1	1	2	2	3	4
6	7	8	9	1	1	2	2	3	4	5
7	8	9	1	1	2	2	3	4	5	6
8	9	1	1	2	2	3	4	5	6	7
9	1	1	2	2	3	4	5	6	7	8
1	1	2	2	3	4	5	6	7	8	9
1	2	2	3	4	5	6	7	8	9	1
2	2	3	4	5	6	7	8	9	1	1
2	3	4	5	6	7	8	9	1	1	2
3	4	5	6	7	8	9	1	1	2	2
4	5	6	7	8	9	1	1	2	2	3

图 3-11　11 阶基方阵 A

6	7	8	9	1	1	2	2	3	4	5
9	1	1	2	2	3	4	5	6	7	8
2	2	3	4	5	6	7	8	9	1	1
4	5	6	7	8	9	1	1	2	2	3
7	8	9	1	1	2	2	3	4	5	6
1	1	2	2	3	4	5	6	7	8	9
2	3	4	5	6	7	8	9	1	1	2
5	6	7	8	9	1	1	2	2	3	4
8	9	1	1	2	2	3	4	5	6	7
1	2	2	3	4	5	6	7	8	9	1
3	4	5	6	7	8	9	1	1	2	2

图 3-12　11 组相同数字组成的 11 阶完美幻方

　　把图 3-12 的数字作为新幻方的个位数，把图 3-10 相应位置上数字的个位数作为新幻方的十位数，其十位数作为新幻方的百位数，其百位数作为新幻方的千位数，图 3-10 与图 3-12 结合所得就是一个 11 阶完美的砍尾巴幻方，如图 3-13 所示.

186	257	418	559	561	701	862	932	1093	1164	25
449	451	591	752	822	983	1054	1125	76	147	308
642	712	873	944	1015	1176	37	198	339	341	481
834	905	1066	1137	88	229	231	371	532	602	763
1027	1188	119	121	261	422	492	653	724	795	956
11	151	312	382	543	614	685	846	917	1078	1219
272	433	504	575	736	807	968	1109	1111	41	202
465	626	697	858	999	101	1141	92	162	323	394
748	889	891	1031	1192	52	213	284	355	516	587
921	1082	1152	103	174	245	406	477	638	779	781
1203	64	135	296	367	528	669	671	811	972	1042

图 3-13　11 阶完美的砍尾巴幻方

图 3-13 是一个幻方常数为 6758 的 11 阶完美的砍尾巴幻方, 砍尾巴后所得方阵图 3-10 是一个幻方常数为 671 的由自然数 1～121 组成的 11 阶对称完美幻方.

组成图 3-12 的数 1,1,2,2,3,4,5,6,7,8,9 是从 1～9 的自然数中可重复地随意抽取的. 如果想造出 11 阶对称完美砍尾巴幻方, 这 11 个数必须是中心对称的数列 (即处于中心对称位置上的两个数其和都是中位数的两倍), 比如我们选 1,2,7,9,4,5,6,1,3,8,9 仿照构造对称完美幻方的两步法, 得到一个由 11 组相同数字组成 11 阶对称完美幻方, 其幻方常数是 55. 基方阵如图 3-14 所示, 对称完美幻方如图 3-15 所示.

6	1	3	8	9	1	2	7	9	4	5
1	3	8	9	1	2	7	9	4	5	6
3	8	9	1	2	7	9	4	5	6	1
8	9	1	2	7	9	4	5	6	1	3
9	1	2	7	9	4	5	6	1	3	8
1	2	7	9	4	5	6	1	3	8	9
2	7	9	4	5	6	1	3	8	9	1
7	9	4	5	6	1	3	8	9	1	2
9	4	5	6	1	3	8	9	1	2	7
4	5	6	1	3	8	9	1	2	7	9
5	6	1	3	8	9	1	2	7	9	4

图 3-14　11 阶基方阵 A

1	3	8	9	1	2	7	9	4	5	6
9	1	2	7	9	4	5	6	1	3	8
7	9	4	5	6	1	3	8	9	1	2
5	6	1	3	8	9	1	2	7	9	4
3	8	9	1	2	7	9	4	5	6	1
1	2	7	9	4	5	6	1	3	8	9
9	4	5	6	1	3	8	9	1	2	7
6	1	3	8	9	1	2	7	9	4	5
8	9	1	2	7	9	4	5	6	1	3
2	7	9	4	5	6	1	3	8	9	1
4	5	6	1	3	8	9	1	2	7	9

图 3-15　11 组相同数字组成的 11 阶对称完美幻方

把图 3-15 的数字作为新幻方的个位数，把图 3-10 相应位置上数字的个位数作为新幻方的十位数，其十位数作为新幻方的百位数，其百位数作为新幻方的千位数，图 3-10 与图 3-15 结合所得就是一个 11 阶对称完美的砍尾巴幻方，如图 3-16 所示.

181	253	418	559	561	702	867	939	1094	1165	26
449	451	592	757	829	984	1055	1126	71	143	308
647	719	874	945	1016	1171	33	198	339	341	482
835	906	1061	1133	88	229	231	372	537	609	764
1023	1188	119	121	262	427	499	654	725	796	951
11	152	317	389	544	615	686	841	913	1078	1219
279	434	505	576	731	803	968	1109	1111	42	207
466	621	693	858	999	1001	1142	97	169	324	395
748	889	891	1032	1197	59	214	285	356	511	583
922	1087	1159	104	175	246	401	473	638	779	781
1204	65	136	291	363	528	669	671	812	977	1049

图 3-16　11 阶对称完美的砍尾巴幻方

图 3-16 是一个幻方常数为 6765 的 11 阶对称完美砍尾巴幻方，中心对称位置上两个元素之和都等于 1230. 砍尾巴后所得方阵图 3-10 是一个幻方常数为 671 的由自然数 1 ~ 121 组成的 11 阶对称完美幻方.

用两步法可构造出 $\left((10\cdot9\cdot8\cdot7\cdot6\cdot5\cdot4\cdot3\cdot2\cdot1)!\right)^2=(3628800)^2=13168189440000$ 个不同的 11 阶幻方, 11 阶完美幻方. $(3840)(384)=1474560$ 个不同的 11 阶对称完美幻方. 显然由两步法得到的 11 阶砍尾巴幻方, 完美的砍尾巴幻方, 对称完美的砍尾巴幻方比原先得到的幻方, 完美幻方, 对称完美幻方多得多.

细心的读者应已了解如何借助于两步法去构造 11 阶完美或对称完美的砍尾巴幻方. 动手构造一个 13 阶对称完美的砍尾巴幻方如何? 你是行的.

3.3　9 阶对称完美砍尾巴幻方

要构造一个 9 阶完美或对称完美的砍尾巴幻方必须先构造一个 9 阶完美或对称完美幻方, 再构造一个由尾数组成的 9 阶完美或对称完美幻方, 两个幻方对应的元素结合所得就是一个 9 阶完美或对称完美的砍尾巴幻方.

如何构造 $n=3(2m+1)$ （$m=1,2,\cdots$是自然数）阶完美幻方以前是一个基本上还没有解决的幻方难题, 因较为复杂, 将在第 9、10 章中再以讲述. 但对于 $k^2(k=3,4,\cdots)$ 阶的对称完美幻方我们已有了方法 [1]. 我们就用这个方法来构造一个 9 阶对称完美幻方, 进而构造出一个 9 阶对称完美的砍尾巴幻方.

图 3-17 的幻方 A 是一个 3 阶幻方, 图 3-18 的幻方 B 也是一个 3 阶幻方. 幻方 A 中每一个元素都减 1, 得幻方 A_1, 如图 3-19 所示. 幻方 A_1 乘以 9 得幻方 A_2, 如图 3-20 所示. 按图 3-21 所示的方法增广幻方 A_2, 得 9 阶非正规对称完美幻方 A^*. 按图 3-22 所示的方法增广幻方 B, 得 9 阶非正规对称完美幻方 B^*.

2	9	4
7	5	3
6	1	8

图 3-17　幻方 A

8	3	4
1	5	9
6	7	2

图 3-18　幻方 B

1	8	3
6	4	2
5	0	7

图 3-19　幻方 A_1

9	72	27
54	36	18
45	0	63

图 3-20　幻方 A_2

9	9	9	72	72	72	27	27	27
54	54	54	36	36	36	18	18	18
45	45	45	0	0	0	63	63	63
9	9	9	72	72	72	27	27	27
54	54	54	36	36	36	18	18	18
45	45	45	0	0	0	63	63	63
9	9	9	72	72	72	27	27	27
54	54	54	36	36	36	18	18	18
45	45	45	0	0	0	63	63	63

图 3-21　9 阶非正规对称完美幻方 A^*

8	3	4	8	3	4	8	3	4
8	3	4	8	3	4	8	3	4
8	3	4	8	3	4	8	3	4
1	5	9	1	5	9	1	5	9
1	5	9	1	5	9	1	5	9
1	5	9	1	5	9	1	5	9
6	7	2	6	7	2	6	7	2
6	7	2	6	7	2	6	7	2
6	7	2	6	7	2	6	7	2

图 3-22　9 阶非正规对称完美幻方 B^*

　　9 阶非正规对称完美幻方 A^* 与 9 阶非正规对称完美幻方 B^* 的对应元素相加得由 1 ~ 81 的自然数组成的 9 阶对称完美幻方 C, 如图 3-23 所示.

17	12	13	80	75	76	35	30	31
62	57	58	44	39	40	26	21	22
53	48	49	8	3	4	71	66	67
10	14	18	73	77	81	28	32	36
55	59	63	37	41	45	19	23	27
46	50	54	1	5	9	64	68	72
15	16	11	78	79	74	33	34	29
60	61	56	42	43	38	24	25	20
51	52	47	6	7	2	69	70	65

图 3–23　9 阶对称完美幻方 D

对图 3-24 中的 3 阶幻方 D, 做类似于 3 阶幻方 B 的增广得 9 阶非正规对称完美幻方 D^*, 如图 3-25 所示.

8	1	6
3	5	7
4	9	2

图 3–24　三阶幻方 D

8	1	6	8	1	6	8	1	6
8	1	6	8	1	6	8	1	6
8	1	6	8	1	6	8	1	6
3	5	7	3	5	7	3	5	7
3	5	7	3	5	7	3	5	7
3	5	7	3	5	7	3	5	7
4	9	2	4	9	2	4	9	2
4	9	2	4	9	2	4	9	2
4	9	2	4	9	2	4	9	2

图 3–25　9 阶非正规对称完美幻方 D^*

把图 3-25 的数字作为新幻方的个位数, 把图 3-23 相应位置上数字的个位数作为新幻方的十位数, 其十位数作为新幻方的百位数, 图 3-23 与图 3-25 结合所得就是一个 9 阶对称完美的砍尾巴幻方, 如图 3-26 所示.

178	121	136	808	751	766	358	301	316
628	571	586	448	391	406	268	211	226
538	481	496	88	31	46	718	661	676
103	145	187	733	775	817	283	325	367
553	595	637	373	415	457	193	235	277
463	505	547	13	55	97	643	685	727
154	169	112	784	799	742	334	349	292
604	619	562	424	439	382	244	259	202
514	529	472	64	79	22	694	709	652

图 3-26　9 阶对称完美的砍尾巴幻方

图 3-26 是一个幻方常数为 3735 的非正规 9 阶对称完美的砍尾巴幻方, 其对称位置上两元素之和都等于 830. 砍尾巴后是一个由 1 ～ 81 的自然数组成的幻方常数为 369 的 9 阶对称完美幻方.

3.4　奇数阶完美或对称完美的砍尾巴幻方

如何借助于两步法去构造奇数 $n=2m+1$(m 为 $m \neq 3t+1$　$t = 0,1,2,\cdots$ 的自然数) 阶完美或对称完美的砍尾巴幻方?

第一步, 首先借助于两步法去构造一个奇数 $n=2m+1$(m 为 $m \neq 3t+1$　$t = 0,1,2,\cdots$ 的自然数) 阶完美或对称完美幻方.

第二步, 从 1 ～ 9 的自然数中可重复地任意选定 n 个数, 各取 n 次, 即选定 n 组完全相同的数, 仿照构造完美幻方的两步法, 得到一个由 n 组相同数字组成的 n 阶完美幻方. 把此 n 阶完美幻方的数字作为新幻方的个位数, 把第一步所得完美幻方相应位置上数字的个位数作为新幻方的十位数, 其十位数作为新幻方的百位数, 其百位数作为新幻方的千位数, 依此类推, 两者结合所得就是一个 n 阶完美的砍尾巴幻方。

组成一个由 n 组相同数字组成的 n 阶完美幻方的 n 个数是从 1 ～ 9 的自然数中可重复地随意选取的. 如果想造出 n 阶对称完美砍尾巴幻方, 这 n 个数必须是中心对称的数列 (即处于中心对称位置上的两个数其和都是中位数的 2 倍), 仿照构造对称完美幻方的两步法, 得到一个由 n 组相同数字组成的 n 阶对称完美幻方. 把此 n 阶对称完美幻方的数字作为新幻方的个位数, 把第一步所得对称完美幻方相应位置上数字的个位数作为新幻方的十位数, 其十位数作为新幻方的百位数, 其百位数作为新幻方的千位数，依此类推，两者结合所得就是一个 n 阶对称完美的砍尾巴幻方.

细心的读者应已注意到，在求完美的砍尾巴幻方时，第一步我们构造的不是完美幻方而是对称完美幻方，其实这完全没有必要，我们这样做的目的仅是为了避免赘述而已.

由于上述第二步中选择的任意性，可知由两步法所得的每一个 n 阶完美或对称完美幻方都可产生出巨大数量不同的 n 阶完美或对称完美的砍尾巴幻方.

第4章　双偶数阶最完美的砍尾巴幻方

如何构造双偶数阶最完美的砍尾巴幻方？借助第一章构造双偶数阶最完美幻方的三步法是一种很自然的想法，而实际上构造双偶数阶最完美幻方的三步法的确能帮助我们达致目的.

4.1　4阶最完美的砍尾巴幻方

4.1.1　如何构造一个4阶最完美的砍尾巴幻方？

按构造双偶数阶最完美幻方的三步法先构造一个4阶最完美幻方，再仿照同一个三步法构造一个由尾数组成的最完美幻方，两个幻方对应的元素结合所得就是一个4阶最完美的砍尾巴幻方.构造4阶最完美幻方的过程如图4-1，图4-2和图4-3所示.

4	5	16	9
2	7	14	11
3	6	15	10
1	8	13	12

图4-1　4阶基方阵 A

4	5	16	9
2	7	14	11
1	8	13	12
3	6	15	10

图4-2　行变换后所得方阵 B

4	5	16	9
14	11	2	7
1	8	13	12
15	10	3	6

图 4-3　4 阶最完美幻方

图 4-3 是一个正规的 4 阶最完美幻方, 其每一行, 每一列上的 4 个数字之和都等于 34, 对角线或泛对角线上的 4 个数字之和亦都等于 34, 对角线或泛对角线上, 间距为 2 个位置的两个数字之和都等于 16+1=17; 任意位置上截取一个 2×2 的小方阵, 包括由一半在这个幻方的第 1 行 (或第 1 列), 另一半在幻方第 4 行 (或第 4 列) 所组成的跨边界 2×2 小方阵, 其中 4 数之和都等于 2(16+1)=34.

从 1 ～ 9 的自然数中任意选定其和相等的两对数, 比如 3 与 6, 4 与 5, 作为尾数, 它们的和都是 9. 两对共 4 个数, 按 3,4,5,6 排序, 各取 4 次, 仿照构造最完美幻方的三步法 (由于在此种情况下第二步与第三步结果是完全相同的, 所以实际上就是两步) 构造一个由 4 组相同的数组成的 4 阶最完美幻方. 其基方阵如图 4-4 所示, 4 阶最完美幻方如图 4-5 所示.

3	6	3	6
4	5	4	5
5	4	5	4
6	3	6	3

图 4-4　4 阶基方阵 A

3	6	3	6
4	5	4	5
6	3	6	3
5	4	5	4

图 4-5　由 4 组相同的数组成的 4 阶最完美幻方

把图 4-5 的数字作为新幻方的个位数, 图 4-3 相应位置上数字的个位数作为新幻方的十位数, 而其十位数作为新幻方的百位数, 图 4-5 与图 4-3 结合所得就是一个 4 阶最完美的砍尾巴幻方, 如图 4-6 所示.

43	56	163	96
144	115	24	75
16	83	136	123
155	104	35	64

图 4-6　4 阶最完美的砍尾巴幻方.

图 4-6 是一个幻方常数为 358 的 4 阶最完美的砍尾巴幻方, 其每一行, 每一列上的 4 个数字之和都等于 358, 对角线或泛对角线上的 4 个数字之和亦都等于 358, 对角线或泛对角线上, 间距为 2 个位置的 2 个数字之和都等于 179; 任意位置上截取一个 2×2 的小方阵, 包括由一半在这个幻方的第 1 行 (或第 1 列), 另一半在幻方第 4 行 (或第 4 列) 所组成的跨边界 2×2 小方阵, 其中 4 数之和都等于 358. 砍尾巴后得图 4-3 是一个正规的由 1 ~ 16 的自然数组成的 4 阶最完美的幻方.

4.2　8 阶最完美的砍尾巴幻方

4.2.1　如何构造一个 8 阶最完美的砍尾巴幻方?

按构造双偶数阶最完美幻方的三步法先构造一个 8 阶最完美幻方, 再仿照同一个三步法构造一个由尾数组成的 8 阶最完美幻方, 两个幻方对应的元素结合所得就是一个 8 阶最完美的砍尾巴幻方. 构造 8 阶最完美幻方的过程如图 4-7, 图 4-8 和 图 4-9 所示.

5	12	21	28	61	52	45	36
8	9	24	25	64	49	48	33
3	14	19	30	59	54	43	38
2	15	18	31	58	55	42	39
7	10	23	26	63	50	47	34
6	11	22	27	62	51	46	35
1	16	17	32	57	56	41	40
4	13	20	29	60	53	44	37

图 4-7　8 阶基方阵 A

5	12	21	28	61	52	45	36
8	9	24	25	64	49	48	33
3	14	19	30	59	54	43	38
2	15	18	31	58	55	42	39
4	13	20	29	60	53	44	37
1	16	17	32	57	56	41	40
6	11	22	27	62	51	46	35
7	10	23	26	63	50	47	34

图 4-8　行变换后所得方阵 B

5	12	21	28	61	52	45	36
64	49	48	33	8	9	24	25
3	14	19	30	59	54	43	38
58	55	42	39	2	15	18	31
4	13	20	29	60	53	44	37
57	56	41	40	1	16	17	32
6	11	22	27	62	51	46	35
63	50	47	34	7	10	23	26

图 4-9　8 阶最完美幻方

图 4-9 是一个正规的 8 阶最完美幻方，其每一行，每一列上的 8 个数字之和都等于 260，对角线或泛对角线上的 8 个数字之和亦都等于 260，对角线或泛对角线上，间距为 4 个位置的 2 个数字之和都等于 $8^2+1=65$；任意位置上截取一个 2×2 的小方阵，包括由一半在这个幻方的第 1 行（或第 1 列），另一半在幻方第 8 行（或第 8 列）所组成的跨边界 2×2 小方阵，其中 4 数之和都等于 $2(8^2+1)=130$。

从 1～9 的自然数任意选定其和相等的四对数，比如 3 与 8，7 与 4，6 与 5，9 与 2 作为尾数，它们的和都是 11。四对共 8 个数，按 3,7,6,9,2,5,4,8 排序，各取 8 次，仿照构造最完美幻方的三步法（由于在此种情况下第二步与第三步结果是完全相同的，所以实际上就是两步）构造一个由 8 组相同的数组成的 8 阶最完美幻方。基方阵如图 4-10 所示，最完美幻方如图 4-11 所示。

3	8	3	8	3	8	3	8
7	4	7	4	7	4	7	4
6	5	6	5	6	5	6	5
9	2	9	2	9	2	9	2
2	9	2	9	2	9	2	9
5	6	5	6	5	6	5	6
4	7	4	7	4	7	4	7
8	3	8	3	8	3	8	3

图 4-10　8 阶基方阵 A

3	8	3	8	3	8	3	8
7	4	7	4	7	4	7	4
6	5	6	5	6	5	6	5
9	2	9	2	9	2	9	2
8	3	8	3	8	3	8	3
4	7	4	7	4	7	4	7
5	6	5	6	5	6	5	6
2	9	2	9	2	9	2	9

图 4-11　由 8 组相同的数组成的 8 阶最完美幻方

把图 4-11 的数字作为新幻方的个位数,图 4-9 相应位置上数字的个位数作为新幻方的十位数,而其十位数作为新幻方的百位数,图 4-9 与图 4-11 结合所得就是一个 8 阶最完美的砍尾巴幻方,如图 4-12 所示.

53	128	213	288	613	528	453	368
647	494	487	334	87	94	247	254
36	145	196	305	596	545	436	385
589	552	429	392	29	152	189	312
48	133	208	293	608	533	448	373
574	567	414	407	14	167	174	327
65	116	225	276	625	516	465	356
632	509	472	349	72	109	232	269

图 4-12　8 阶最完美的砍尾巴幻方

图 4-12 是一个幻方常数为 2644 的 8 阶最完美的砍尾巴幻方,其每一行,每一列上的 8 个数字之和都等于 2644,对角线或泛对角线上的 8 个数字之和亦都等于 2644,对角线或泛对角线上,间距为 4 个位置的 2 个数字之和都等于 661;任意位置上截取一个 2×2 的小方阵,包括由一半在这个幻方的第 1 行(或第 1 列),另一半在幻方第 8 行(或第 8 列)所组成的跨边界 2×2 小方阵,其中 4 数之和都等于 1322. 砍尾巴后

得图 4-9 是一个正规的由 1 ～ 64 的自然数组成的 8 阶最完美幻方.

4.3　12 阶最完美的砍尾巴幻方

4.3.1　如何构造一个 12 阶最完美的砍尾巴幻方？

按构造双偶数阶最完美幻方的三步法先构造一个 12 阶最完美幻方，再仿照同一个三步法构造一个由尾数组成的 12 阶最完美幻方，两个幻方对应的元素结合所得就是一个 12 阶最完美的砍尾巴幻方. 构造 12 阶最完美幻方的过程如图 4-13，图 4-14 和 图 4-15 所示.

7	18	31	42	55	66	139	126	115	102	91	78
2	23	26	47	50	71	134	131	110	107	86	83
10	15	34	39	58	63	142	123	118	99	94	75
5	20	29	44	53	68	137	128	113	104	89	80
1	24	25	48	49	72	133	132	109	108	85	84
4	21	28	45	52	69	136	129	112	105	88	81
9	16	33	40	57	64	141	124	117	100	93	76
12	13	36	37	60	61	144	121	120	97	96	73
8	17	32	41	56	65	140	125	116	101	92	77
3	22	27	46	51	70	135	130	111	106	87	82
11	14	35	38	59	62	143	122	119	98	95	74
6	19	30	43	54	67	138	127	114	103	90	79

图 4-13　12 阶基方阵 A

7	18	31	42	55	66	139	126	115	102	91	78
2	23	26	47	50	71	134	131	110	107	86	83
10	15	34	39	58	63	142	123	118	99	94	75
5	20	29	44	53	68	137	128	113	104	89	80
1	24	25	48	49	72	133	132	109	108	85	84
4	21	28	45	52	69	136	129	112	105	88	81
6	19	30	43	54	67	138	127	114	103	90	79
11	14	35	38	59	62	143	122	119	98	95	74
3	22	27	46	51	70	135	130	111	106	87	82
8	17	32	41	56	65	140	125	116	101	92	77
12	13	36	37	60	61	144	121	120	97	96	73
9	16	33	40	57	64	141	124	117	100	93	76

图 4-14　行变换后所得方阵 B

7	18	31	42	55	66	139	126	115	102	91	78
134	131	110	107	86	83	2	23	26	47	50	71
10	15	34	39	58	63	142	123	118	99	94	75
137	128	113	104	89	80	5	20	29	44	53	68
1	24	25	48	49	72	133	132	109	108	85	84
136	129	112	105	88	81	4	21	28	45	52	69
6	19	30	43	54	67	138	127	114	103	90	79
143	122	119	98	95	74	11	14	35	38	59	62
3	22	27	46	51	70	135	130	111	106	87	82
140	125	116	101	92	77	8	17	32	41	56	65
12	13	36	37	60	61	144	121	120	97	96	73
141	124	117	100	93	76	9	16	33	40	57	64

图 4–15　12 阶最完美幻方

图 4-15 是一个正规的 12 阶最完美幻方, 其每一行, 每一列上的 12 个数字之和都等于 870, 对角线或泛对角线上的 12 个数字之和亦都等于 870; 对角线或泛对角线上, 间距为 6 个元素的 2 个元素之和都等于 $12^2+1=145$; 任意位置上截取一个 2×2 的小方阵, 包括由一半在这个幻方的第 1 行 (或第 1 列), 另一半在幻方第 12 行 (或第 12 列) 所组成的跨边界 2×2 小方阵, 其中 4 数之和都等于 $2(12^2+1)=290$.

从 1 ～ 9 的自然数可重复地任意选定其和相等的六对数, 比如 3 与 8, 7 与 4, 5 与 6, 9 与 2, 6 与 5 和 4 与 7 作为尾数, 它们的和都是 11. 六对共 12 个数, 按 3, 7, 5, 9, 6, 4, 7, 5, 2, 6, 4, 8 排序, 各取 12 次, 仿照构造最完美幻方的三步法 (由于在此种情况下第二步与第三步结果是完全相同的, 所以实际上就是两步) 构造一个由 12 组相同的数组成的 12 阶最完美幻方. 基方阵如图 4-16 所示, 最完美幻方如图 4-17 所示.

3	8	3	8	3	8	3	8	3	8	3	8
7	4	7	4	7	4	7	4	7	4	7	4
5	6	5	6	5	6	5	6	5	6	5	6
9	2	9	2	9	2	9	2	9	2	9	2
6	5	6	5	6	5	6	5	6	5	6	5
4	7	4	7	4	7	4	7	4	7	4	7
7	4	7	4	7	4	7	4	7	4	7	4
5	6	5	6	5	6	5	6	5	6	5	6
2	9	2	9	2	9	2	9	2	9	2	9
6	5	6	5	6	5	6	5	6	5	6	5
4	7	4	7	4	7	4	7	4	7	4	7
8	3	8	3	8	3	8	3	8	3	8	3

图 4–16　12 阶基方阵 A

3	8	3	8	3	8	3	8	3	8	3	8
7	4	7	4	7	4	7	4	7	4	7	4
5	6	5	6	5	6	5	6	5	6	5	6
9	2	9	2	9	2	9	2	9	2	9	2
6	5	6	5	6	5	6	5	6	5	6	5
4	7	4	7	4	7	4	7	4	7	4	7
8	3	8	3	8	3	8	3	8	3	8	3
4	7	4	7	4	7	4	7	4	7	4	7
6	5	6	5	6	5	6	5	6	5	6	5
2	9	2	9	2	9	2	9	2	9	2	9
5	6	5	6	5	6	5	6	5	6	5	6
7	4	7	4	7	4	7	4	7	4	7	4

图 4-17　由 12 组相同的数组成的 12 阶最完美幻方

把图 4-17 的数字作为新幻方的个位数，图 4-15 相应位置上数字的个位数作为新幻方的十位数，而其十位数作为新幻方的百位数，其百位数作为新幻方的千位数，图 4-15 与图 4-17 结合所得就是一个 12 阶最完美的砍尾巴幻方，如图 4-18 所示.

73	188	313	428	553	668	1393	1268	1153	1028	913	788
1347	1314	1107	1074	867	834	27	234	267	474	507	714
105	156	345	396	585	636	1425	1236	1185	996	945	756
1379	1282	1139	1042	899	802	59	202	299	442	539	682
16	245	256	485	496	725	1336	1325	1096	1085	856	845
1364	1297	1124	1057	884	817	44	217	284	457	524	697
68	193	308	433	548	673	1388	1273	1148	1033	908	793
1434	1227	1194	987	954	747	114	147	354	387	594	627
36	225	276	465	516	705	1356	1305	1116	1065	876	825
1402	1259	1162	1019	922	779	82	179	322	419	562	659
125	136	365	376	605	616	1445	1216	1205	976	965	736
1417	1244	1177	1004	937	764	97	164	337	404	577	644

图 4-18　12 阶最完美的砍尾巴幻方

图 4-18 是一个幻方常数为 8766 的 12 阶最完美的砍尾巴幻方，其每一行，每一列上的 12 个数字之和都等于 8766，对角线或泛对角线上的 12 个数字之和亦都等于 8766；对角线或泛对角线上，间距为 6 个元素的 2 个元素之和都等于 1461；任意位置上截取一个 2×2 的小方阵，包括由一半在这个幻方的第 1 行（或第 1 列），另一半在幻方第 12 行（或第 12 列）所组成的跨边界 2×2 小方阵，其中 4 数之和都等于 2922.

砍尾巴后得图 4-15 是一个正规的由 1 ~ 144 的自然数组成的 12 阶最完美的幻方.

4.4 双偶数阶最完美的砍尾巴幻方

4.4.1 构造双偶数 $n = 4m(m=1,2,\cdots$ 为自然数) 阶最完美的砍尾巴幻方的步骤

第一步,用构造双偶数 $n = 4m(m=1,2,\cdots$ 为自然数) 阶最完美幻方的三步法构造一个双偶数 $n = 4m(m=1,2,\cdots$ 为自然数) 阶最完美幻方.

第二步,从 1 ~ 9 的自然数中可重复地任意选定其和相等的 $2m$ 对数,作为尾数,$2m$ 对共 $4m$ 个数,按同一对的两个数处于到两端同距离的位置的原则把这 $4m$ 个数排序,各取 $4m$ 次,仿照构造最完美幻方的三步法 (由于在此种情况下第二步与第三步结果是完全相同的,所以实际上就是两步) 构造一个由 $4m$ 组相同的数组成的 $4m$ 阶最完美幻方. 把此 $n = 4m(m=1,2,\cdots$ 为自然数) 阶最完美幻方的数字作为新幻方的个位数,把第一步所得最完美幻方相应位置上数字的个位数作为新幻方的十位数,其十位数作为新幻方的百位数,其百位数作为新幻方的千位数,依此类推,两者结合所得就是一个 $n = 4m(m=1,2,\cdots$ 为自然数) 阶最完美的砍尾巴幻方.

用三步法可构造出 $2^{2m}((2m)!)(2^{2m} - 1)(2m)$ 个不同的双偶数 $n = 4m(m=1,2,\cdots$ 为自然数) 阶最完美幻方. 由于从 1 ~ 9 的自然数中可重复地任意选定其和相等的 $2m$ 对数,作为尾数,每对尾数的和可从 2 ~ 18 中任意选择,比如选定其和为 10,则尾数有 9^{2m} 种不同的选择,即每一个双偶数 $n = 4m(m=1,2,\cdots$ 为自然数) 阶最完美幻方可产生 9^{2m} 个不同的 $n = 4m(m=1,2,\cdots$ 为自然数) 阶最完美的砍尾巴幻方. 亦即利用构造双偶数 $n = 4m(m=1,2,\cdots$ 为自然数) 阶最完美幻方的三步法可得到 $9^{2m} \cdot 2^{2m}((2m)!)(2^{2m} -1)(2m)$ 个的不同的 $n = 4m(m=1,2,\cdots$ 为自然数) 阶最完美的砍尾巴幻方.

由于尾数的和可从 2 ~ 18 中任意选择,所以利用构造双偶数 $n = 4m(m=1,2,\cdots$ 为自然数) 阶最完美幻方的三步法实际上可得到比 $9^{2m} \cdot 2^{2m}((2m)!)(2^{2m} -1)(2m)$ 个多得多的不同的 $n = 4m(m=1,2,\cdots$ 为自然数) 阶最完美的砍尾巴幻方.

第5章　奇数阶对称完美的掐头去尾幻方

如果一个幻方中的所有数都掐头去尾，即去掉最高位和最低位以后，它仍然是一个幻方，就称为掐头去尾幻方. 本章讲述的是如何去构造一个奇数阶对称完美的掐头去尾幻方，这里所谓的对称完美的掐头去尾幻方，是指其本身是一个对称完美幻方，掐头去尾后，它仍然是一个对称完美幻方.

5.1　5阶对称完美的掐头去尾幻方

要构造一个5阶对称完美的掐头去尾幻方？

第一步是先构造一个由 $1 \sim 25$ 的自然数组成的5阶对称完美幻方，其所有数都加10, 得一个新的由 $11 \sim 35$ 的自然数组成的非正规的5阶对称完美幻方. 第二步，构造两个各由5组相同的数组成的5阶对称完美幻方. 第三步，把第二步中的一个由5组相同的数组成的对称完美幻方中的数作为新幻方的千位数；第一步所得的非正规的5阶对称完美幻方中相应位置上数字的十位数作为新幻方的百位数，个位数作为新幻方的十位数；把第二步中的另一个由5组相同的数组成的对称完美幻方中相应位置上的数作为新幻方的个位数. 所得的新幻方就是一个5阶对称完美的掐头去尾幻方.

5.1.1　构造一个5阶对称完美的掐头去尾幻方

第一步，由构造对称完美幻方的两步法[1]得到的一个5阶对称完美幻方，其幻方常数是65. 中心对称位置上两个元素之和都等于26. 其基方阵 A 如图5-1所示，对称完美幻方如图5-2所示.

7	25	11	4	18
10	21	14	3	17
6	24	13	2	20
9	23	12	5	16
8	22	15	1	19

图 5-1　5 阶基方阵 A

25	11	4	18	7
3	17	10	21	14
6	24	13	2	20
12	5	16	9	23
19	8	22	15	1

图 5-2　5 阶对称完美幻方

上述 5 阶对称完美幻方其所有数都加 10, 得一个新的由 11 ~ 35 的自然数组成的非正规的 5 阶对称完美幻方 B, 如图 5-3 所示.

35	21	14	28	17
13	27	20	31	24
16	34	23	12	30
22	15	26	19	33
29	18	32	25	11

图 5-3　非正规的 5 阶对称完美幻方 B

第二步, 从 1 ~ 9 的自然数中可重复地随意选定 5 个数, 但这 5 个数必须是中心对称的数列, 比如 5,1,4,7,3 各取 5 次, 仿照构造对称完美幻方的两步法, 得到一个由 5 组相同数字组成的 5 阶对称完美幻方, 其幻方常数是 20. 其基方阵 A_1 如图 5-4 所示, 对称完美幻方 B_1 如图 5-5 所示.

7	3	5	1	4
3	5	1	4	7
5	1	4	7	3
1	4	7	3	5
4	7	3	5	1

图 5-4　5 阶基方阵 A_1

3	5	1	4	7
4	7	3	5	1
5	1	4	7	3
7	3	5	1	4
1	4	7	3	5

图 5-5 由 5 组相同的数组成的 5 阶对称完美幻方 B_1

又从 1 ~ 9 的自然数中可重复地随意选定 5 个数，但这 5 个数亦必须是中心对称的数列，比如 7,3,6,9,5 仿照构造对称完美幻方的两步法，得到一个由 5 组相同数字组成的 5 阶对称完美幻方，其幻方常数是 30. 其基方阵 A_2 如图 5-6 所示，对称完美幻方 B_2 如图 5-7 所示.

9	5	7	3	6
5	7	3	6	9
7	3	6	9	5
3	6	9	5	7
6	9	5	7	3

图 5-6 5 阶基方阵 A_2

5	7	3	6	9
6	9	5	7	3
7	3	6	9	5
9	5	7	3	6
3	6	9	5	7

图 5-7 由 5 组相同的数组成的 5 阶对称完美幻方 B_2

第三步，把由 5 组相同的数组成的对称完美幻方 B_1 中的数作为新幻方的千位数；非正规的 5 阶对称完美幻方 B 中相应位置上数字的十位数作为新幻方的百位数，个位数作为新幻方的十位数；由 5 组相同的数组成的对称完美幻方 B_2 中相应位置上的数作为新幻方的个位数. 所得的新幻方就是一个 5 阶对称完美的掐头去尾幻方. 如图 5-8 所示.

3355	5217	1143	4286	7179
4136	7279	3205	5317	1243
5167	1343	4236	7129	3305
7229	3155	5267	1193	4336
1293	4186	7329	3255	5117

图 5-8 5 阶对称完美的掐头去尾幻方

图 5-8 是一个 5 阶对称完美的掐头去尾幻方,其幻方常数是 21180. 对称位置上两个元素之和为 8472. 掐头后是一个 5 阶对称完美的砍尾巴幻方,其幻方常数是 1180. 对称位置上两个元素之和为 472. 去尾后是一个由 11 ~ 35 的自然数组成的非正规的 5 阶对称完美的幻方,其幻方常数是 115,对称位置上两个元素之和为 46.

5.2 7 阶对称完美的掐头去尾幻方

要构造一个 7 阶对称完美的掐头去尾幻方?

第一步是先构造一个由 1 ~ 49 的自然数组成的 7 阶对称完美幻方,其所有数都加 10,得一个新的由 11 ~ 59 的自然数组成的非正规的 7 阶对称完美幻方. 第二步,构造两个各由 7 组相同的数组成的 7 阶对称完美幻方. 第三步,把第二步中的一个由 7 组相同的数组成的 7 阶对称完美幻方中的数作为新幻方的千位数;第一步所得的非正规的 7 阶对称完美幻方中相应位置上数字的十位数作为新幻方的百位数,个位数作为新幻方的十位数;把第二步中的另一个由 7 组相同的数组成的 7 阶对称完美幻方中相应位置上的数作为新幻方的个位数. 所得的新幻方就是一个 7 阶对称完美的掐头去尾幻方.

5.2.1 构造一个 7 阶对称完美的掐头去尾幻方

第一步,由构造对称完美幻方的两步法[1]得到的一个 7 阶对称完美幻方,其幻方常数是 175. 中心对称位置上两个元素之和都等于 50. 其基方阵 A 如图 5-9 所示,7 阶对称完美幻方如图 5-10 所示.

20	38	7	22	47	9	32
17	42	1	26	44	11	34
21	36	5	23	46	13	31
15	40	2	25	48	10	35
19	37	4	27	45	14	29
16	39	6	24	49	8	33
18	41	3	28	43	12	30

图 5-9　7 阶基方阵 A

38	7	22	47	9	32	20
26	44	11	34	17	42	1
13	31	21	36	5	23	46
15	40	2	25	48	10	35
4	27	45	14	29	19	37
49	8	33	16	39	6	24
30	18	41	3	28	43	12

图 5-10　7 阶对称完美幻方

上述 7 阶对称完美幻方其所有数都加 10, 得一个新的由 11 ~ 59 的自然数组成的非正规的 7 阶对称完美幻方 B, 如图 5-11 所示.

48	17	32	57	19	42	30
36	54	21	44	27	52	11
23	41	31	46	15	33	56
25	50	12	35	58	20	45
14	37	55	24	39	29	47
59	18	43	26	49	16	34
40	28	51	13	38	53	22

图 5-11　非正规的 7 阶对称完美幻方 B

第二步, 从 1 ~ 9 的自然数中可重复地随意选定 7 个数, 但这 7 个数必须是中心对称的数列, 比如 6,3,4,5,6,7, 4 各取 7 次, 仿照构造对称完美幻方的两步法, 得到一个由 7 组相同数字组成的 7 阶对称完美幻方, 其幻方常数是 35. 其基方阵 A_1 如图 5-12 所示, 由 7 组相同数字组成的 7 阶对称完美幻方 B_1 如图 5-13 所示.

6	7	4	6	3	4	5
7	4	6	3	4	5	6
4	6	3	4	5	6	7
6	3	4	5	6	7	4
3	4	5	6	7	4	6
4	5	6	7	4	6	3
5	6	7	4	6	3	4

图 5-12　7 阶基方阵 A_1

7	4	6	3	4	5	6
3	4	5	6	7	4	6
6	7	4	6	3	4	5
6	3	4	5	6	7	4
5	6	7	4	5	3	4
4	6	3	4	5	6	7
4	5	5	7	4	6	3

图 5-13　由 7 组相同的数组成的

7 阶对称完美幻方 B_1

又从 $1\sim9$ 的自然数中可重复地随意选定 7 个数，但这 7 个数亦必须是中心对称的数列，比如 8,4,5,6,7,8,4 各取 7 次，仿照构造对称完美幻方的两步法，得到一个由 7 组相同数字组成的 7 阶对称完美幻方，其幻方常数是 42. 其基方阵 A_2 如图 5-14 示，由 7 组相同数字组成的 7 阶对称完美幻方 B_2 如图 5-15 所示.

7	8	4	8	4	5	6
8	4	8	4	5	6	7
4	8	4	5	6	7	8
8	4	5	6	7	8	4
4	5	6	7	8	4	8
5	6	7	8	4	8	4
6	7	8	4	8	4	5

图 5-14　7 阶基方阵 A_2

8	4	8	4	5	6	7
4	5	6	7	8	4	8
7	8	4	8	4	5	6
8	4	5	6	7	8	4
6	7	8	4	8	4	5
4	8	4	6	7	5	8
5	6	7	8	4	8	4

图 5-15　由 7 组相同数字组成的 7 阶对称完美幻方 B_2

第三步，把由 7 组相同数字组成的 7 阶对称完美幻方 B_1 中的数作为新幻方的千位数；非正规的 7 阶对称完美幻方 B 中相应位置上数字的十位数作为新幻方的百位数，个位数作为新幻方的十位数；由 7 组相同数字组成的 7 阶对称完美幻方 B_2 中相应位置上的数作为新幻方的个位数. 所得的新幻方就是一个 7 阶对称完美的掐头去尾幻方.

如图 5-16 所示.

7488	4174	6328	3574	4195	5426	6307
3364	4545	5216	6447	7278	4524	6118
6237	7418	4314	6468	3154	4335	5566
6258	3504	4125	5356	6587	7208	4454
5146	6377	7558	4244	6398	3294	4475
4594	6188	3434	4265	5496	6167	7348
4405	5286	6517	7138	4384	6538	3224

图 5-16　7 阶对称完美的掐头去尾幻方

图 5-16 是一个 7 阶对称完美的掐头去尾幻方, 其幻方常数是 37492, 对称位置上两个元素之和为 10712. 掐头后是一个 7 阶对称完美的砍尾巴幻方, 其幻方常数是 2492, 对称位置上两个元素之和为 712. 再砍尾巴后是一个由 11 ~ 59 的自然数组成的 7 阶对称完美的幻方, 其幻方常数是 245, 对称位置上两个元素之和为 70.

5.3　11 阶对称完美的掐头去尾幻方

要构造一个 11 阶对称完美的掐头去尾幻方?

第一步是先构造一个由 1 ~ 121 的自然数组成的 11 阶对称完美幻方, 其所有数都加 100, 得一个新的由 101 ~ 221 的自然数组成的非正规的 11 阶对称完美幻方. 第二步, 构造两个各由 11 组相同的数组成的 11 阶对称完美幻方. 第三步, 把第二步中的一个由 11 组相同的数组成的对称完美幻方中的数作为新幻方的万位数; 第一步所得的非正规的 11 阶对称完美幻方中相应位置上数字的百位数作为新幻方的千位数, 十位数作为新幻方的百位数, 个位数作为新幻方的十位数; 把第二步中的另一个由 11 组相同的数组成的对称完美幻方中相应位置上的数作为新幻方的个位数. 所得的新幻方就是一个 11 阶对称完美的掐头去尾幻方.

5.3.1　构造一个 11 阶对称完美的掐头去尾幻方

第一步, 由构造对称完美幻方的两步法[1]得到的一个 11 阶对称完美幻方, 其幻方常数是 671. 中心对称位置上两个元素之和都等于 122. 其基方阵 A 如图 5-17 所示, 11 阶对称完美幻方如图 5-18 所示.

97	13	117	48	88	56	41	71	10	102	28
90	18	114	55	78	63	38	76	3	105	31
95	15	121	45	85	60	43	69	6	108	24
92	22	111	52	82	65	36	72	9	101	29
99	12	118	49	87	58	39	75	2	106	26
89	19	115	54	80	61	42	68	7	103	33
96	16	120	47	83	64	35	73	4	110	23
93	21	113	50	86	57	40	70	11	100	30
98	14	116	53	79	62	37	77	1	107	27
91	17	119	46	84	59	44	67	8	104	32
94	20	112	51	81	66	34	74	5	109	25

图 5-17　11 阶基方阵 A

13	117	48	88	56	41	71	10	102	28	97
55	78	63	38	76	3	105	31	90	18	114
60	43	69	6	108	24	95	15	121	45	85
72	9	101	29	92	22	111	52	82	65	36
106	26	99	12	118	49	87	58	39	75	2
89	19	115	54	80	61	42	68	7	103	33
120	47	83	64	35	73	4	110	23	96	16
86	57	40	70	11	100	30	93	21	113	50
37	77	1	107	27	98	14	116	53	79	62
8	104	32	91	17	119	46	84	59	44	67
25	94	20	112	51	81	66	34	74	5	109

图 5-18　11 阶对称完美幻方

上述 11 阶对称完美幻方其所有数都加 100，得一个新的由 101 ~ 221 的自然数组成的非正规的 11 阶对称完美幻方 B，如图 5-19 所示.

113	217	148	188	156	141	171	110	202	128	197
155	178	163	138	176	103	205	131	190	118	214
160	143	169	106	208	124	195	115	221	145	185
172	109	201	129	192	122	211	152	182	165	136
206	126	199	112	218	149	187	158	139	175	102
189	119	215	154	180	161	142	168	107	203	133
220	147	183	164	135	173	104	210	123	196	116
186	157	140	170	111	200	130	193	121	213	150
137	177	101	207	127	198	114	216	153	179	162
108	204	132	191	117	219	146	184	159	144	167
125	194	120	212	151	181	166	134	174	105	209

图 5-19　非正规的 11 阶对称完美幻方 B

第二步,从 1～9 的自然数中可重复地随意选定 11 个数,但这 11 个数必须是中心对称的数列,比如 1,3,6,2,1,5,9,8,4,7,9 各取 11 次,仿照构造对称完美幻方的两步法,得到一个由 11 组相同数字组成的 11 阶对称完美幻方,其幻方常数是 55. 其基方阵 A_1 如图 5-20 所示,由 11 组相同数字组成的 11 阶对称完美幻方 B_1 如图 5-21 所示.

9	8	4	7	9	1	3	6	2	1	5
8	4	7	9	1	3	6	2	1	5	9
4	7	9	1	3	6	2	1	5	9	8
7	9	1	3	6	2	1	5	9	8	4
9	1	3	6	2	1	5	9	8	4	7
1	3	6	2	1	5	9	8	4	7	9
3	6	2	1	5	9	8	4	7	9	1
6	2	1	5	9	8	4	7	9	1	3
2	1	5	9	8	4	7	9	1	3	6
1	5	9	8	4	7	9	1	3	6	2
5	9	8	4	7	9	1	3	6	2	1

图 5-20　11 阶基方阵 A_1

8	4	7	9	1	3	6	2	1	5	9
9	1	3	6	2	1	5	9	8	4	7
6	2	1	5	9	8	4	7	9	1	3
5	9	8	7	9	1	3	6	2	1
4	7	9	1	3	6	2	1	5	9	8
1	3	6	2	1	5	9	8	4	7	9
2	1	5	9	8	4	7	9	1	3	6
9	8	4	7	9	1	3	6	2	1	5
7	9	1	3	6	2	1	5	9	8	4
3	6	2	1	5	9	8	4	7	9	1
1	5	9	8	4	7	9	1	3	6	2

图 5-21　由 11 组相同数字组成的 11 阶对称完美幻方 B_1

又从 1～9 的自然数中可重复地随意选定 11 个数,但这 11 个数亦必须是中心对称的数列,比如 7,8,4,7,3,6,9,5,8,4,5 各取 11 次,仿照构造对称完美幻方的两步法,得到一个由 11 组相同数字组成的 11 阶对称完美幻方,其幻方常数是 66. 其基方阵 A_2 如图 5-22 所示,由 11 组相同数字组成的 11 阶对称完美幻方 B_2 如图 5-23 所示.

9	5	8	4	5	7	8	4	7	3	6
5	8	4	5	7	8	4	7	3	6	9
8	4	5	7	8	4	7	3	6	9	5
4	5	7	8	4	7	3	6	9	5	8
5	7	8	4	7	3	6	9	5	8	4
7	8	4	7	3	6	9	5	8	4	5
8	4	7	3	6	9	5	8	4	5	7
4	7	3	6	9	5	8	4	5	7	8
7	3	6	9	5	8	4	5	7	8	4
3	6	9	5	8	4	5	7	8	4	7
6	9	5	8	4	5	7	8	4	7	3

图 5-22　11 阶基方阵 A_2

5	8	4	5	7	8	4	5	3	6	9
5	7	8	4	7	3	6	9	5	8	4
4	7	3	6	9	8	4	5	7	8	8
6	9	5	8	4	5	7	4	7	7	3
8	4	5	7	8	7	3	6	9	9	5
7	8	4	7	3	6	9	5	8	4	5
7	3	6	9	5	8	4	5	7	8	4
9	5	8	4	5	7	8	4	7	3	6
4	5	7	8	4	7	3	6	9	5	8
8	4	7	3	6	9	5	8	4	5	7
3	6	9	5	8	4	5	7	8	4	7

图 5-23　由 11 组相同数字组成的 11 阶对称完美幻方 B_2

第三步，把由 11 组相同数字组成的 11 阶对称完美幻方 B_1 中的数作为新幻方的万位数；非正规的 11 阶对称完美幻方 B 中相应位置上数字的百位数作为新幻方的千位数，十位数作为新幻方的百位数，个位数作为新幻方的十位数；由 11 组相同数字组成的对称完美幻方 B_2 中相应位置上的数作为新幻方的个位数. 所得的新幻方就是一个 11 阶对称完美的掐头去尾幻方. 如图 5-24 所示.

81135	42178	71484	91885	11567	31418	61714	21107	12023	51286	91979
91555	11787	31638	61384	21767	11033	52056	91319	81905	41188	72144
61604	21437	11693	51066	92089	81245	41958	71154	92215	11457	31858
51726	91099	82015	41298	71924	91225	12117	31528	61824	21657	11363
42068	71264	91995	11127	32188	61494	21877	11583	51396	91759	81025
11897	31198	62154	21547	11803	51616	91429	81685	41078	72034	91335
22207	11473	51836	91649	81355	41738	71044	92105	11237	31968	61164
91869	81575	41408	71704	91115	12007	31308	61934	21217	12133	51506
71374	91775	11017	32078	61274	21987	11143	52166	91539	81795	41628
31088	62044	21327	11913	51176	92199	81465	41848	71594	91445	11677
11253	51946	91209	82125	41518	71814	91665	11347	31748	61054	22097

图 5-24　11 阶对称完美的掐头去尾幻方

图 5-24 是一个 11 阶对称完美的掐头去尾幻方，其幻方常数是 567776，对称位置上两个元素之和为 103232．掐头后是一个 11 阶对称完美的砍尾巴幻方，其幻方常数是 17776，对称位置上两个元素之和为 3232．再砍尾巴后是一个由 101～221 的自然数组成的 11 阶对称完美的幻方，其幻方常数是 1771，对称位置上两个元素之和为 322．

5.4　奇数阶对称完美的掐头去尾幻方

如何借助于两步法去构造奇数 $n=2m+1$（m 为 $m \neq 3t+1$　$t = 0,1,2,\cdots$ 的自然数）阶完美或对称完美的砍尾巴幻方？

第一步，首先借助于两步法去构造一个奇数 $n=2m+1$（m 为 $m \neq 3t+1$　$t = 0,1,2,\cdots$ 的自然数）阶对称完美幻方．如果该对称完美幻方中最大的是 k（$k = 2,3,\cdots$ 为自然数）位数，其所有数都加 10^{k-1}（$k = 2,3,\cdots$ 为自然数），得一个新的由 $10^{k-1}+1 \sim 10^{k-1}+n^2$ 的自然数组成的非正规的 n 阶对称完美幻方 B．

第二步，构造两个各由 n 组相同的数组成的 n 阶对称完美幻方．

从 1～9 的自然数中可重复地任意选定 n 个数，各取 n 次，但这 n 个数必须是中心对称的数列（即处于中心对称位置上的两个数其和都是中位数的两倍），仿照构造对称完美幻方的两步法，得到一个由 n 组相同数字组成的 n 阶对称完美幻方 B_1．

再从 1～9 的自然数中可重复地任意选定 n 个数，各取 n 次，但这 n 个数必须是中心对称的数列（即处于中心对称位置上的两个数其和都是中位数的 2 倍），仿照构造对称完美幻方的两步法，得到另一个由 n 组相同数字组成的 n 阶对称完美幻方 B_2.

第三步，把由 n 组相同数字组成的 n 阶对称完美幻方 B_1 的数字作为新幻方的首位数即 $k+2$ 位数.

把第一步所得非正规的 n 阶对称完美幻方 B 相应位置上数字的个位数作为新幻方的十位数，其十位数作为新幻方的百位数，其百位数作为新幻方的千位数，依此类推.

把由 n 组相同数字组成的 n 阶对称完美幻方 B_2 相应位置上的数作为新幻方的个位数. 三者结合所得新幻方就是一个 n 阶对称完美的掐头去尾幻方.

由于上述第二步中选择的任意性，可知由两步法所得的每一个 n 阶对称完美幻方都可产生出巨大数量不同的 n 阶对称完美的掐头去尾幻方。

细心的读者应已意识到，如果第一步中我们构造的 B 是一个完美幻方，同时解除第二步中关于数列是中心对称的限制，我们得到的就是一个完美的掐头去尾幻方.

第6章 双偶数阶最完美的掐头去尾幻方

本章讲述的是如何去构造一个双偶数阶最完美的掐头去尾幻方. 所谓的最完美的掐头去尾幻方, 是指其本身是一个最完美幻方, 掐头去尾后, 它仍然是一个最完美幻方.

6.1 8阶最完美的掐头去尾幻方

要构造一个8阶最完美的掐头去尾幻方?

第一步是按构造双偶数阶最完美幻方的三步法先构造一个由 1～64 的自然数组成的8阶最完美幻方, 其所有数都加10, 得一个新的由 11～74 的自然数组成的非正规的8阶最完美幻方.

第二步, 再仿照同一个三步法构造两个各由8组相同的数组成的8阶最完美幻方.

第三步, 把第二步中的一个由8组相同的数组成的最完美幻方中的数作为新幻方的千位数; 第一步所得的非正规的8阶最完美幻方中相应位置上数字的十位数作为新幻方的百位数, 个位数作为新幻方的十位数; 把第二步中的另一个由8组相同的数组成的最完美幻方中相应位置上的数作为新幻方的个位数. 所得的新幻方就是一个8阶最完美的掐头去尾幻方.

6.1.1 构造一个8阶最完美的掐头去尾幻方

第一步, 构造一个8阶最完美幻方的过程如图 6-1, 图 6-2 和图 6-3 所示.

5	12	21	28	61	52	45	36
1	16	17	32	57	56	41	40
6	11	22	27	62	51	46	35
2	15	18	31	58	55	42	39
7	10	23	26	63	50	47	34
3	14	19	30	59	54	43	38
8	9	24	25	64	49	48	33
4	13	20	29	60	53	44	37

图 6-1 8 阶基方阵 A

5	12	21	28	61	52	45	36
1	16	17	32	57	56	41	40
6	11	22	27	62	51	46	35
2	15	18	31	58	55	42	39
4	13	20	29	60	53	44	37
8	9	24	25	64	49	48	33
3	14	19	30	59	54	43	38
7	10	23	26	63	50	47	34

图 6-2 行变换后所得方阵

5	12	21	28	61	52	45	36
57	56	41	40	1	16	17	32
6	11	22	27	62	51	46	35
58	55	42	39	2	15	18	31
4	13	20	29	60	53	44	37
64	49	48	33	8	9	24	25
3	14	19	30	59	54	43	38
63	50	47	34	7	10	23	26

图 6-3 8 阶最完美幻方

上述 8 阶最完美幻方其所有数都加 10, 得一个新的由 11 ~ 74 的自然数组成的非正规的 8 阶最完美幻方 B, 如图 6-4 所示.

15	22	31	38	71	62	55	46
67	66	51	50	11	26	27	42
16	21	32	37	72	61	56	45
68	65	52	49	12	25	28	41
14	23	30	39	70	63	54	47
74	59	58	43	18	19	34	35
13	24	29	40	69	64	53	48
73	60	57	44	17	20	33	36

图 6-4 非正规的 8 阶最完美幻方 B

第二步，从 1～9 的自然数中任意选定其和相等的四对数，比如 7 与 4, 2 与 9, 5 与 6, 8 与 3 作为尾数，它们的和都是 11. 四对共 8 个数，按 7,2,5,8,3,6,9,4 排序，各取 8 次，仿照构造最完美幻方的三步法（由于在此种情况下第二步与第三步结果是完全相同的，所以实际上就是两步）构造一个由 8 组相同的数组成的 8 阶最完美幻方. 基方阵 A_1 如图 6-5 所示，由 8 组相同的数组成的 8 阶最完美幻方 B_1 如图 6-6 所示.

7	4	7	4	7	4	7	4
2	9	2	9	2	9	2	9
5	6	5	6	5	6	5	6
8	3	8	3	8	3	8	3
3	8	3	8	3	8	3	8
6	5	6	5	6	5	6	5
9	2	9	2	9	2	9	2
4	7	4	7	4	7	4	7

图 6-5 8 阶基方阵 A_1

7	4	7	4	7	4	7	4
2	9	2	9	2	9	2	9
5	6	5	6	5	6	5	6
8	3	8	3	8	3	8	3
4	7	4	7	4	7	4	7
9	2	9	2	9	2	9	2
6	5	6	5	6	5	6	5
3	8	3	8	3	8	3	8

图 6-6 由 8 组相同的数组成的 8 阶最完美幻方 B_1

又从 1～9 的自然数中可重复地随意选定其和相等的四对数，比如 8 与 1, 5 与 4, 2 与 7, 6 与 3 作为尾数，它们的和都是 9. 四对共 8 个数，按 8,5,2,6,3,7,4,1 排序，各取

8 次，仿照构造最完美幻方的三步法（由于在此种情况下第二步与第三步结果是完全相同的，所以实际上就是两步）构造一个由 8 组相同的数组成的 8 阶最完美幻方．其基方阵 A_2 如图 6-7 所示，由 8 组相同的数组成的 8 阶最完美幻方 B_2 如图 6-8 所示．

8	1	8	1	8	1	8	1
5	4	5	4	5	4	5	4
2	7	2	7	2	7	2	7
6	3	6	3	6	3	6	3
3	6	3	6	3	6	3	6
7	2	7	2	7	2	7	2
4	5	4	5	4	5	4	5
1	8	1	8	1	8	1	8

图 6-7　8 阶基方阵 A_2

8	1	8	1	8	1	8	1
5	4	5	4	5	4	5	4
2	7	2	7	2	7	2	7
6	3	6	3	6	3	6	3
1	8	1	8	1	8	1	8
4	5	4	5	4	5	4	5
7	2	7	2	7	2	7	2
3	6	3	6	3	6	3	6

图 6-8　由 8 组相同的数组成的 8 阶最完美幻方 B_2

第三步，把由 8 组相同的数组成最完美幻方 B_1 中的数作为新幻方的千位数；非正规的 8 阶最完美幻方 B 中相应位置上数字的十位数作为新幻方的百位数，个位数作为新幻方的十位数；由 8 组相同的数组成的最完美幻方 B_2 中相应位置上的数作为新幻方的个位数．所得的新幻方就是一个 8 阶最完美的掐头去尾幻方．如图 6-9 所示．

7158	4221	7318	4381	7718	4621	7558	4461
2675	9664	2515	9504	2115	9264	2275	9424
5162	6217	5322	6377	5722	6617	5562	6457
8686	3653	8526	3493	8126	3253	8286	3413
4141	7238	4301	7398	4701	7638	4541	7478
9744	2595	9584	2435	9184	2195	9344	2355
6137	5242	6297	5402	6697	5642	6537	5482
3733	8606	3573	8446	3173	8206	3333	8366

图 6-9　8 阶最完美的掐头去尾幻方

图 6-9 是一个幻方常数为 47436 的 8 阶最完美的掐头去尾幻方, 其每一行, 每一列上的 8 个数字之和都等于 47436, 对角线或泛对角线上的 8 个数字之和亦都等于 47436, 对角线或泛对角线上, 间距为 4 个位置的 2 个数字之和都等于 11859; 任意位置上截取一个 2×2 的小方阵, 包括由一半在这个幻方的第 1 行 (或第 1 列), 另一半在幻方第 8 行 (或第 8 列) 所组成的跨边界 2×2 小方阵, 其中 4 数之和都等于 23718. 掐头后是一个 8 阶最完美的砍尾巴幻方, 其幻方常数是 3436. 对角线或泛对角线上, 间距为 4 个位置的两个数字之和为 859. 去尾后是一个由 11 ～ 74 的自然数组成的非正规的 8 阶最完美幻方, 其幻方常数是 340, 对角线或泛对角线上, 间距为 4 个位置的两个数字之和为 85.

6.2　12 阶最完美的掐头去尾幻方

要构造一个 12 阶最完美的掐头去尾幻方?

第一步是按构造双偶数阶最完美幻方的三步法先构造一个由 1 ～ 144 的自然数组成的 12 阶最完美幻方, 其所有数都加 100, 得一个新的由 101 ～ 244 的自然数组成的非正规的 12 阶最完美幻方.

第二步, 再仿照同一个三步法构造两个各由 12 组相同的数组成的 12 阶最完美幻方.

第三步, 把第二步中的一个由 12 组相同的数组成的 12 阶最完美幻方中的数作为新幻方的万位数; 第一步所得的非正规的 12 阶最完美幻方中相应位置上数字的百位数作为新幻方千位数, 十位数作为新幻方的百位数, 个位数作为新幻方的十位数; 把第二步中的另一个由 12 组相同的数组成的最完美幻方中相应位置上的数作为新幻方的个位数. 所得的新幻方就是一个 12 阶最完美的掐头去尾幻方.

6.2.1　构造一个最简单的 12 阶最完美的掐头去尾幻方.

第一步, 构造一个 12 阶最完美幻方的过程如图 6-10, 图 6-11 和图 6-12 所示.

1	24	25	48	49	72	133	132	109	108	85	84
2	23	26	47	50	71	134	131	110	107	86	83
3	22	27	46	51	70	135	130	111	106	87	82
4	21	28	45	52	69	136	129	112	105	88	81
5	20	29	44	53	68	137	128	113	104	89	80
6	19	30	43	54	67	138	127	114	103	90	79
7	18	31	42	55	66	139	126	115	102	91	78
8	17	32	41	56	65	140	125	116	101	92	77
9	16	33	40	57	64	141	124	117	100	93	76
10	15	34	39	58	63	142	123	118	99	94	75
11	14	35	38	59	62	143	122	119	98	95	74
12	13	36	37	60	61	144	121	120	97	96	73

图 6-10　10 阶基方阵 A

1	24	25	48	49	72	133	132	109	108	85	84
2	23	26	47	50	71	134	131	110	107	86	83
3	22	27	46	51	70	135	130	111	106	87	82
4	21	28	45	52	69	136	129	112	105	88	81
5	20	29	44	53	68	137	128	113	104	89	80
6	19	30	43	54	67	138	127	114	103	90	79
12	13	36	37	60	61	144	121	120	97	96	73
11	14	35	38	59	62	143	122	119	98	95	74
10	15	34	39	58	63	142	123	118	99	94	75
9	16	33	40	57	64	141	124	117	100	93	76
8	17	32	41	56	65	140	125	116	101	92	77
7	18	31	42	55	66	139	126	115	102	91	78

图 6-11　行变换后所得方阵

1	24	25	48	49	72	133	132	109	108	85	84
134	131	110	107	86	83	2	23	26	47	50	71
3	22	27	46	51	70	135	130	111	106	87	82
136	129	112	105	88	81	4	21	28	45	52	69
5	20	29	44	53	68	137	128	113	104	89	80
138	127	114	103	90	79	6	19	30	43	54	67
12	13	36	37	60	61	144	121	120	97	96	73
143	122	119	98	95	74	11	14	35	38	59	62
10	15	34	39	58	63	142	123	118	99	94	75
141	124	117	100	93	76	9	16	33	40	57	64
8	17	32	41	56	65	140	125	116	101	92	77
139	126	115	102	91	78	7	18	31	42	55	66

图 6-12　12 阶最完美幻方

上述 12 阶最完美幻方其所有数都加 100, 得一个新的由 101 ～ 244 的自然数组成的非正规的 12 阶最完美幻方 B, 如图 6-13 所示.

101	124	125	148	149	172	233	232	209	208	185	184
234	231	210	207	186	183	102	123	126	147	150	171
103	122	127	146	151	170	235	230	211	206	187	182
236	229	212	205	188	181	104	121	128	145	152	169
105	120	129	144	153	168	237	228	213	204	189	180
238	227	214	203	190	179	106	119	130	143	154	167
112	113	136	137	160	161	244	221	220	197	196	173
243	222	219	198	195	174	111	114	135	138	159	162
110	115	134	139	158	163	242	223	218	199	194	175
241	224	217	200	193	176	109	116	133	140	157	164
108	117	132	141	156	165	240	225	216	201	192	177
239	226	215	202	191	178	107	118	131	142	155	166

图 6-13 非正规的 12 阶最完美幻方 B

第二步, 从 1 ～ 9 的自然数中任意选定其和相等的六对数, 比如 7 与 2, 8 与 1, 1 与 8, 2 与 7, 3 与 6, 4 与 5 作为尾数, 它们的和都是 9. 六对共 12 个数, 按 7,8,1,2,3,4,5,6,7,8,1,2 排序, 各取 12 次, 仿照构造最完美幻方的三步法 (由于在此种情况下第二步与第三步结果是完全相同的, 所以实际上就是两步) 构造一个由 12 组相同的数组成的 12 阶最完美幻方. 基方阵 A_1 如图 6-14 所示, 由 12 组相同的数组成的 12 阶最完美幻方 B_1 如图 6-15 所示.

7	2	7	2	7	2	7	2	7	2	7	2
8	1	8	1	8	1	8	1	8	1	8	1
1	8	1	8	1	8	1	8	1	8	1	8
2	7	2	7	2	7	2	7	2	7	2	7
3	6	3	6	3	6	3	6	3	6	3	6
4	5	4	5	4	5	4	5	4	5	4	5
5	4	5	4	5	4	5	4	5	4	5	4
6	3	6	3	6	3	6	3	6	3	6	3
7	2	7	2	7	2	7	2	7	2	7	2
8	1	8	1	8	1	8	1	8	1	8	1
1	8	1	8	1	8	1	8	1	8	1	8
2	7	2	7	2	7	2	7	2	7	2	7

图 6-14   12 阶基方阵 A_1

7	2	7	2	7	2	7	2	7	2	7	2
8	1	8	1	8	1	8	1	8	1	8	1
1	8	1	8	1	8	1	8	1	8	1	8
2	7	2	7	2	7	2	7	2	7	2	7
3	6	3	6	3	6	3	6	3	6	3	6
4	5	4	5	4	5	4	5	4	5	4	5
2	7	2	7	2	7	2	7	2	7	2	7
1	8	1	8	1	8	1	8	1	8	1	8
8	1	8	1	8	1	8	1	8	1	8	1
7	2	7	2	7	2	7	2	7	2	7	2
6	3	6	3	6	3	6	3	6	3	6	3
5	4	5	4	5	4	5	4	5	4	5	4

图 6-15 由 12 组相同的数组成的 12 阶最完美幻方 B_1

又从 $1 \sim 9$ 的自然数中可重复地随意选定其和相等的六对数，比如 2 与 9，3 与 8，4 与 7，5 与 6，4 与 7，5 与 6 作为尾数，它们的和都是 11. 六对共 12 个数，按 2,3,4,5,4,5,6,7,6,7,8,9 排序，各取 12 次，仿照构造最完美幻方的三步法（由于在此种情况下第二步与第三步结果是完全相同的，所以实际上就是两步）构造一个由 12 组相同的数组成的 12 阶最完美幻方. 基方阵 A_2 如图 6-16 所示，由 12 组相同的数组成的 12 阶最完美幻方 B_2 如图 6-17 所示.

2	9	2	9	2	9	2	9	2	9	2	9
3	8	3	8	3	8	3	8	3	8	3	8
4	7	4	7	4	7	4	7	4	7	4	7
5	6	5	6	5	6	5	6	5	6	5	6
4	7	4	7	4	7	4	7	4	7	4	7
5	6	5	6	5	6	5	6	5	6	5	6
6	5	6	5	6	5	6	5	6	5	6	5
7	4	7	4	7	4	7	4	7	4	7	4
6	5	6	5	6	5	6	5	6	5	6	5
7	4	7	4	7	4	7	4	7	4	7	4
8	3	8	3	8	3	8	3	8	3	8	3
9	2	9	2	9	2	9	2	9	2	9	2

图 6-16 12 阶基方阵 A_2

2	9	2	9	2	9	2	9	2	9	2	9
3	8	3	8	3	8	3	8	3	8	3	8
4	7	4	7	4	7	4	7	4	7	4	7
5	6	5	6	5	6	5	6	5	6	5	6
4	7	4	7	4	7	4	7	4	7	4	7
5	6	5	6	5	6	5	6	5	6	5	6
9	2	9	2	9	2	9	2	9	2	9	2
8	3	8	3	8	3	8	3	8	3	8	3
7	4	7	4	7	4	7	4	7	4	7	4
6	5	6	5	6	5	6	5	6	5	6	5
7	4	7	4	7	4	7	4	7	4	7	4
6	5	6	5	6	5	6	5	6	5	6	5

图 6-17　由 12 组相同的数组成的 12 阶最完美幻方 B_2

第三步，把由 12 组相同的数组成的 12 阶最完美幻方 B_1 中的数作为新幻方的万位数；非正规的 12 阶最完美幻方 B 中相应位置上数字的百位数作为新幻方的千位数，十位数作为新幻方的百位数，个位数作为新幻方的十位数；由 12 组相同的数组成的 12 阶最完美幻方 B_2 中相应位置上的数作为新幻方的个位数. 所得的新幻方就是一个 12 阶最完美的掐头去尾幻方. 如图 6-18 所示.

71012	21249	71252	21489	71492	21729	72332	22329	72092	22089	71852	21849
82343	12318	82103	12078	81863	11838	81023	11238	81263	11478	81503	11718
11034	81227	11274	81467	11514	81707	12354	82307	12114	82067	11874	81827
22365	72296	22125	72056	21885	71816	21045	71216	21285	71456	21525	71696
31054	61207	31294	61447	31534	61687	32374	62287	32134	62047	31894	61807
42385	52276	42145	52036	41905	51796	41065	51196	41305	51436	41545	51676
21129	71132	21369	71372	21609	71612	22449	72212	22209	71972	21969	71732
12438	82223	12198	81983	11958	81743	11118	81143	11358	81383	11598	81623
81107	11154	81347	11394	81587	11634	82427	12234	82187	11994	81947	11754
72416	22245	72176	22005	71936	21765	71096	21165	71336	21405	71576	21645
61087	31174	61327	31414	61567	31654	62407	32254	62167	32014	61927	31774
52396	42265	52156	42025	51916	41785	51076	41185	51316	41425	51556	41665

图 6-18　最简单的 12 阶最完美的掐头去尾幻方

图 6-18 是一个幻方常数为 560766 的 12 阶最完美的掐头去尾幻方，其每一行，每一列上的 12 个数字之和都等于 560766，对角线或泛对角线上的 12 个数字之和亦都等于 560766，对角线或泛对角线上，间距为 6 个位置的 2 个数字之和都等于 93461；任意

位置上截取一个 2×2 的小方阵, 包括由一半在这个幻方的第 1 行 (或第 1 列), 另一半在幻方第 12 行 (或第 12 列) 所组成的跨边界 2×2 小方阵, 其中 4 数之和都等于 186922. 掐头后是一个 12 阶最完美的砍尾巴幻方, 其幻方常数是 20766. 对角线或泛对角线上, 间距为 6 个位置的 2 个数字之和为 3461. 去尾后是一个由 101 ~ 244 的自然数组成的非正规的 12 阶最完美幻方, 其幻方常数是 2070, 对角线或泛对角线上, 间距为 6 个位置的 2 个数字之和为 345.

下面是用同样方法, 由更一般的 12 阶最完美幻方, 得到的另一个更一般的幻方常数为 680760 的 12 阶最完美的掐头去尾幻方, 如图 6-19 所示.

51107	61153	51347	61393	51587	61633	52427	62233	52187	61993	51947	61753
92392	22268	92152	22028	91912	21788	91072	21188	91312	21428	91552	21668
61021	51239	61261	51479	61501	51719	62341	52319	62101	52079	61861	51839
72376	42284	72136	42044	71896	41804	71056	41204	71296	41444	71536	41684
41129	71131	41369	71371	41609	71611	42449	72211	42209	71971	41969	71731
32414	82246	32174	82006	31934	81766	31094	81166	31334	81406	31574	81646
61033	51227	61273	51467	61513	51707	62353	52307	62113	52067	61873	51827
22388	92272	22148	92032	21908	91792	21068	91192	21308	91432	21548	91672
51119	61141	51359	61381	51599	61621	52439	62221	52199	61981	51959	61741
42404	72256	42164	72016	41924	71776	41084	71176	41324	71416	41564	71656
71011	41249	71251	41489	71491	41729	72331	42329	72091	42089	71851	41849
82366	32294	82126	32054	81886	31814	81046	31214	81286	31454	81526	31694

图 6-19　12 阶最完美的掐头去尾幻方

6.3　双偶数阶最完美的掐头去尾幻方

6.3.1　构造双偶数 $n = 4m(m = 1.2$ 为自然数) 阶最完美的掐头去尾幻方的步骤

第一步, 用构造双偶数 $n = 4m(m = 1.2$ 为自然数) 阶最完美幻方的三步法构造一个由 $1 \sim n^2$ 的自然数组成的双偶数 $n = 4m(m = 1.2$ 为自然数) 阶最完美幻方. 如果该最完美幻方中最大的是 $k(k = 2,3,\cdots$ 为自然数) 位数, 其所有数都加 10^{k-1} $(k = 2,3,\cdots$ 为自然数), 得一个新的由 $10^{k-1}+1 \sim 10^{k-1}+n^2$ 的自然数组成的非正规的 n 阶最完美幻方 B.

第二步,再仿照同一个三步法构造两个各由 $4m$ 组相同的数组成的 $4m$ 阶最完美幻方.

从 $1 \sim 9$ 的自然数中可重复地任意选定其和相等的 $2m$ 对数, $2m$ 对共 $4m$ 个数,按同一对的两个数处于到两端同距离的位置的原则把这 $4m$ 个数排序,各取 $4m$ 次,仿照构造最完美幻方的三步法(由于在此种情况下第二步与第三步结果是完全相同的,所以实际上就是两步)构造一个由 $4m$ 组相同的数组成的 $4m$ 阶最完美幻方 B_1.

再从 $1 \sim 9$ 的自然数中可重复地任意选定其和相等的 $2m$ 对数, $2m$ 对共 $4m$ 个数,按同一对的两个数处于到两端同距离的位置的原则把这 $4m$ 个数排序,各取 $4m$ 次,仿照构造最完美幻方的三步法(由于在此种情况下第二步与第三步结果是完全相同的,所以实际上就是两步)构造另一个由 $4m$ 组相同的数组成的 $4m$ 阶最完美幻方 B_2.

第三步 把由 $4m$ 组相同的数组成的 $n = 4m$ 阶最完美幻方 B_1 的数字作为新幻方的首位数即第 $k+2$ 位数.

把第一步所得非正规的 $n = 4m$ 阶最完美幻方 B 相应位置上数字的个位数作为新幻方的十位数,其十位数作为新幻方的百位数,其百位数作为新幻方的千位数,依此类推.

把由 $4m$ 组相同的数组成的 $n = 4m$ 阶最完美幻方 B_2 相应位置上的数作为新幻方的个位数. 三者结合所得新幻方就是一个 n 阶最完美的掐头去尾幻方.

用三步法实际上可构造出 $2^{2m}\big((2m)!\big)\big(2^{2m}-1\big)(2m)$ 个不同的双偶数 $n = 4m(m = 1,2,\cdots$ 为自然数) 阶最完美幻方. 由于从 $1 \sim 9$ 的自然数中可重复地任意选定其和相等的 $2m$ 对数,作为尾数,每对尾数的和可从 $2 \sim 18$ 中任意选择,比如选定其和为 10,则尾数有 9^{2m} 种不同的选择,同理每对首位数如选定其和为 10,则首位数亦有 9^{2m} 种不同的选择. 即每一个双偶数 $n = 4m(m=1,2,\cdots$ 为自然数) 阶最完美幻方可产生 $9^{4m} = 9^n$ 个不同的 $n = 4m(m=1,2,\cdots$ 为自然数) 阶最完美的掐头去尾幻方,亦即利用构造双偶数 $n = 4m(m=1,2,\cdots$ 为自然数) 阶最完美幻方的三步法可得到 $9^{4m} \cdot 2^{2m}\big((2m)!\big)\big(2^{2m}-1\big)(2m)$ 个不同的 $n = 4m(m=1,2,\cdots$ 为自然数) 阶最完美的掐头去尾幻方.

由于每对尾数或每对首位数的和可从 $2 \sim 18$ 中任意选择,所以利用构造双偶数 $n = 4m(m=1,2,\cdots$ 为自然数) 阶最完美幻方的三步法实际上可得到比 $9^{4m} \cdot 2^{2m}\big((2m)!\big)\big(2^{2m}-1\big)(2m)$ 个多得多的不同的 $n = 4m(m=1,2,\cdots$ 为自然数) 阶最完美的掐头去尾幻方.

第 7 章 $4m \times k(4m)$ 的最完美幻矩形

所谓幻矩形指的是由若干个幻方从左到右排列而成的数字长方阵,由从 1 开始的连续的自然数所组成.幻矩形的构成想起来比其他变形幻方容易,但实际上很难[4].吴鹤龄先生在《幻方及其他》一书中介绍了一个 16×32 的幻矩形,是当时能见到的最复杂而精巧的幻矩形之一.时光已过去十来年,我们能否有所进步呢?能.只要敢想敢干方法正确,任何人都能而且更加精彩.

本章讲述构造 4×8,4×12,8×16,以及 16×32 的幻矩形的方法和一般地构造 $4m \times k(4m)$ 的幻矩形的方法,且组成幻矩形的每一个幻方都是最完美幻方,为叙述方便起见我们称这种幻矩形为最完美幻矩形.

7.1 4×8 与 4×12 的最完美幻矩形

7.1.1 如何构造一个 4×8 的最完美幻矩形?

这个最完美幻矩形由左,右两个 4 阶最完美幻方组合而成.

第一步,把 1 ~ 32 的自然数按从小到大均分为 8 组,按从小到大的顺序把每组的第一个数排列如图 7-1 所示.

1	5	9	13	17	21	25	29

图 7–1

取第 1,2 和第 7,8 组的数,按照构造最完美幻方的三步法构造左边那个最完美幻方.此处各组的数字是按自然数顺序排列的.基方阵 A_1 如图 7-2 所示,基方阵 A_1 行变换后所得方阵 B_1 如图 7-3 所示,而 4 阶非正规最完美幻方 C_1 如图 7-4 所示.

1	8	29	28
2	7	30	27
3	6	31	26
4	5	32	25

图 7-2　4 阶基方阵 A_1

1	8	29	28
2	7	30	27
4	5	32	25
3	6	31	26

图 7-3　行变换后所得方阵 B_1

1	8	29	28
30	27	2	7
4	5	32	25
31	26	3	6

图 7-4　4 阶非正规最完美幻方 C_1

取第 3,4 和第 5,6 组的数, 按照构造最完美幻方的三步法构造右边那个最完美幻方. 此处各组的数字是按自然数顺序排列的. 基方阵 A_2 如图 7-5 所示, 基方阵 A_2 行变换后所得方阵 B_2 如图 7-6 所示, 而 4 阶非正规最完美幻方 C_2, 如图 7-7 所示.

9	16	21	20
10	15	22	19
11	14	23	18
12	13	24	17

图 7-5　4 阶基方阵 A_2

9	16	21	20
10	15	22	19
12	13	24	17
11	14	23	18

图 7-6　行变换后所得方阵 B_2

9	16	21	20
22	19	10	15
12	13	24	17
23	18	11	14

图 7-7　4 阶非正规最完美幻方 C_1

第二步，把图 7-4 和图 7-7 两个 4 阶非正规最完美幻方 C_1 和 C_2 组合就得一个 4×8 的最完美幻矩形，如图 7-8 所示.

1	8	29	28	9	16	21	20
30	27	2	7	22	19	10	15
4	5	32	25	12	13	24	17
31	26	3	6	23	18	11	14

图 7-8　4×8 的最完美幻矩形

图 7-8 的 4×8 的最完美幻矩形由 $1 \sim 32$ 的自然数所组成，其每列 4 个数之和都是 66，而每行 8 个数之和都是 132，恰是 66 的 2 倍，其左右两半两个 4×4 方阵对角线或泛对角线上 4 个数之和都是 66，对角线或泛对角线上，间距为 2 个位置的 2 个数字之和都等于 $32+1=33$. 且在矩形中任意位置上截取一个 2×2 的小方阵，包括由一半在这个幻矩形的第 1 行（或第 1 列），另一半在这个幻矩形第 4 行（或第 8 列）所组成的跨边界 2×2 小方阵，其中 4 数之和都等于 66.

7.1.2　如何构造一个 4×12 的最完美幻矩形？

这个最完美幻矩形由左，中，右 3 个 4 阶最完美幻方组合而成.

第一步，把 $1 \sim 48$ 的自然数按从小到大均分为 12 组，按从小到大的顺序把每组的第一个数排列如图 7-9 所示.

1	5	9	13	17	21	25	29	33	37	41	45

图 7-9

取第 1,2 和第 11,12 组的数，按照构造最完美幻方的三步法构造左边那个最完美幻方. 此处各组的数字是按自然数顺序排列的. 基方阵 A_1 如图 7-10 所示，基方阵 A_1 行变换后所得方阵 B_1 如图 7-11 所示，而 4 阶非正规最完美幻方 C_1 如图 7-12 所示.

1	8	45	44
2	7	46	43
3	6	47	42
4	5	48	41

图 7-10　4 阶基方阵 A_1

1	8	45	44

2	7	46	43
4	5	48	41
3	6	47	42

图 7-11　行变换后所得方阵 B_1

1	8	45	44
46	43	2	7
4	5	48	41
47	42	3	6

图 7-12　4 阶非正规最完美幻方 C_1

取第 3,4 和第 9,10 组的数，按照构造最完美幻方的三步法构造中间那个最完美幻方．此处各组的数字是按自然数顺序排列的．基方阵 A_2 如图 7-13 所示，基方阵 A_2 行变换后所得方阵 B_2 如图 7-14 所示，而 4 阶非正规最完美幻方 C_2，如图 7-15 所示．

9	16	37	36
10	15	38	35
11	14	39	34
12	13	40	33

图 7-13　4 阶基方阵 A_2

9	16	37	36
10	15	38	35
12	13	40	33
11	14	39	34

图 7-14　行变换后所得方阵 B_2

9	16	37	36
38	35	10	15
12	13	40	33
39	34	11	14

图 7-15　4 阶非正规最完美幻方 C_2

取第 5,6 和第 7,8 组的数，按照构造最完美幻方的三步法构造右边那个最完美幻方．此处各组的数字是按自然数顺序排列的．基方阵 A_3 如图 7-16 所示，基方阵 A_3 行变换后所得方阵 B_3 如图 7-17 所示，而 4 阶非正规最完美幻方 C_3，如图 7-18 所示．

| 17 | 24 | 29 | 28 |

18	23	30	27
19	22	31	26
20	21	32	25

图 7-16　4 阶基方阵 A_3

17	24	29	28
18	23	30	27
20	21	32	25
19	22	31	26

图 7-17　行变换后所得方阵 B_3

17	24	29	28
30	27	18	23
20	21	32	25
31	26	19	22

图 7-18　4 阶非正规最完美幻方 C_3

第二步，把图 7-12，图 7-15 和图 7-18 三个 4 阶非正规最完美幻方 C_1，C_2 和 C_3 组合就得一个 4×12 的最完美幻矩形，如图 7-19 所示.

1	8	45	44	9	16	37	36	17	24	29	28
46	43	2	7	38	35	10	15	30	27	18	23
4	5	48	41	12	13	40	33	20	21	32	25
47	42	3	6	39	34	11	14	31	26	19	22

图 7-19　4×12 的最完美幻矩形

图 7-19 的 4×12 的最完美幻矩形由 $1\sim48$ 的自然数所组成，其每列 4 个数之和都是 98，而每行 12 个数之和都是 294，恰是 98 的 3 倍，其左中右三个 4×4 方阵对角线或泛对角线上 4 数之和都是 98，对角线或泛对角线上，间距为 2 个位置的 2 个数字之和都等于 48+1=49. 且在矩形中任意位置上截取一个 2×2 的小方阵，包括由一半在这个幻矩形的第 1 行（或第 1 列），另一半在幻矩形第 4 行（或第 12 列）所组成的跨边界 2×2 小方阵，其中 4 数之和都等于 98.

你会构造 4×8 与 4×12 的最完美幻矩形了吗？构造 4×16 的最完美幻矩形又如何？

7.2　8 × 16 的最完美幻矩形

7.2.1　如何构造一个 8 × 16 的最完美幻矩形？

这个最完美幻矩形由左，右两个 8 阶最完美幻方组合而成．

第一步，把 1 ～ 128 的自然数按从小到大均分为 16 组，按从小到大的顺序把每组的第一个数排列如图 7-20 所示．

1	9	17	25	33	41	49	57	65	73	81	89	97	105	113	121

图 7-20

取第 1,2,3,4 和第 13,14,15,16 组的数，按照构造最完美幻方的三步法构造左边那个最完美幻方．此处各组的数字是按自然数顺序排列的．8 阶基方阵 A_1 如图 7-21 所示，基方阵 A_1 行变换后所得方阵 B_1 如图 7-22 所示，而 8 阶非正规最完美幻方 C_1 如图 7-23 所示．

1	16	17	32	121	120	105	104
2	15	18	31	122	119	106	103
3	14	19	30	123	118	107	102
4	13	20	29	124	117	108	101
5	12	21	28	125	116	109	100
6	11	22	27	126	115	110	99
7	10	23	26	127	114	111	98
8	9	24	25	128	113	112	97

图 7-21　8 阶基方阵 A_1

1	16	17	32	121	120	105	104
2	15	18	31	122	119	106	103
3	14	19	30	123	118	107	102
4	13	20	29	124	117	108	101
8	9	24	25	128	113	112	97
7	10	23	26	127	114	111	98
6	11	22	27	126	115	110	99
5	12	21	28	125	116	109	100

图 7-22　行变换后所得方阵 B_1

1	16	17	32	121	120	105	104
122	119	106	103	2	15	18	31
3	14	19	30	123	118	107	102
124	117	108	101	4	13	20	29
8	9	24	25	128	113	112	97
127	114	111	98	7	10	23	26
6	11	22	27	126	115	110	99
125	116	109	100	5	12	21	28

图 7-23　8 阶非正规最完美幻方 C_1

取第 5,6,7,8 和第 9,10,11,12 组的数，按照构造最完美幻方的三步法构造右边那个最完美幻方．此处各组的数字是按自然数顺序排列的．8 阶基方阵 A_2 如图 7-24 所示，基方阵 A_2 行变换后所得方阵 B_2 如图 7-25 所示，而 8 阶非正规最完美幻方 C_2, 如图 7-26 所示．

33	48	49	64	89	88	73	72
34	47	50	63	90	87	74	71
35	46	51	62	91	86	75	70
36	45	52	61	92	85	76	69
37	44	53	60	93	84	77	68
38	43	54	59	94	83	78	67
39	42	55	58	95	82	79	66
40	41	56	57	96	81	80	65

图 7-24　8 阶基方阵 A_2

33	48	49	64	89	88	73	72
34	47	50	63	90	87	74	71
35	46	51	62	91	86	75	70
36	45	52	61	92	85	76	69
40	41	56	57	96	81	80	65
39	42	55	58	95	82	79	66
38	43	54	59	94	83	78	67
37	44	53	60	93	84	77	68

图 7-25　行变换后所得方阵 B_2

33	48	49	64	89	88	73	72
90	87	74	71	34	47	50	63
35	46	51	62	91	86	75	70
92	85	76	69	36	45	52	61
40	41	56	57	96	81	80	65
95	82	79	66	39	42	55	58
38	43	54	59	94	83	78	67
93	84	77	68	37	44	53	60

图 7-26　8 阶非正规最完美幻方 C_2

第二步, 把图 7-23 和图 7-26 两个 8 阶非正规最完美幻方 C_1 和 C_2 组合就得一个 8×16 的最完美幻矩形, 如图 7-27 所示.

1	16	17	32	121	120	105	104	33	48	49	64	89	88	73	72
122	119	106	103	2	15	18	31	90	87	74	71	34	47	50	63
3	14	19	30	123	118	107	102	35	46	51	62	91	86	75	70
124	117	108	101	4	13	20	29	92	85	76	69	36	45	52	61
8	9	24	25	128	113	112	97	40	41	56	57	96	81	80	65
127	114	111	98	7	10	23	26	95	82	79	66	39	42	55	58
6	11	22	27	126	115	110	99	38	43	54	59	94	83	78	67
125	116	109	100	5	12	21	28	93	84	77	68	37	44	53	60

图 7-27　8×16 的最完美幻矩形

图 7-27 是一个 8×16 的最完美幻矩形, 由 1 ~ 128 的自然数所组成, 其每列 8 个数之和都是 516, 而每行 16 个数之和都是 1032, 恰是 516 的 2 倍, 其左右两个 8×8 方阵对角线或泛对角线上 8 个数之和都是 516, 对角线或泛对角线上, 间距为 4 个位置的 2 个数字之和都等于 128+1=129. 且在矩形中任意位置上截取一个 2×2 的小方阵, 包括由一半在这个幻矩形的第 1 行 (或第 1 列), 另一半在幻矩形第 8 行 (或第 16 列) 所组成的跨边界 2×2 小方阵, 其中四数之和都等于 258.

你会构造 8×16 的最完美幻矩形了吗? 构造 8×24 的最完美幻矩形又如何? 如你已看出相应规律, 试试看你能否构造出一个 12×24 的最完美幻矩形?

7.3　16×32 的最完美幻矩形

7.3.1　如何构造一个 16×32 的最完美幻矩形？

这个最完美幻矩形由左，右两个 16 阶最完美幻方组合而成．

第一步，把 1～512 的自然数按从小到大均分为 32 组，按从小到大的顺序把每组的第一个数排列如图 7-28 所示．

1	17	33	49	65	81	97	113	129	145	161	177	193	209	225	241

257	273	289	305	321	337	353	369	385	401	417	433	449	465	481	497

图 7-28

取第 1～8 和第 25～32 组的数，按照构造最完美幻方的三步法构造左边那个最完美幻方．此处各组的数字是按非自然数顺序但符合对称原则的顺序排列的，比如第 1 组 1～16 的自然数我们按 13,6,1,10,12,3,9,2,15,8,14,5,7,16,11,4 的顺序排列，其他各组的数按相应的顺序排列．16 阶基方阵 A_1 如图 7-29 所示，基方阵 A_1 行变换后所得方阵 B_1 如图 7-30 所示，而 16 阶非正规最完美幻方 C_1 如图 7-31 所示．

13	20	45	52	77	84	109	116	509	484	477	452	445	420	413	388
6	27	38	59	70	91	102	123	502	491	470	459	438	427	406	395
1	32	33	64	65	96	97	128	497	496	465	464	433	432	401	400
10	23	42	55	74	87	106	119	506	487	474	455	442	423	410	391
12	21	44	53	76	85	108	117	508	485	476	453	444	421	412	389
3	30	35	62	67	94	99	126	499	494	467	462	435	430	403	398
9	24	41	56	73	88	105	120	505	488	473	456	441	424	409	392
2	31	34	63	66	95	98	127	498	495	466	463	434	431	402	399
15	18	47	50	79	82	111	114	511	482	479	450	447	418	415	386
8	25	40	57	72	89	104	121	504	489	472	457	440	425	408	393
14	19	46	51	78	83	110	115	510	483	478	451	446	419	414	387
5	28	37	60	69	92	101	124	501	492	469	460	437	428	405	396
7	26	39	58	71	90	103	122	503	490	471	458	439	426	407	394
16	17	48	49	80	81	112	113	512	481	480	449	448	417	416	385
11	22	43	54	75	86	107	118	507	486	475	454	443	422	411	390
4	29	36	61	68	93	100	125	500	493	468	461	436	429	404	397

图 7-29　16 阶基方阵 A_1

13	20	45	52	77	84	109	116	509	484	477	452	445	420	413	388
6	27	38	59	70	91	102	123	502	491	470	459	438	427	406	395
1	32	33	64	65	96	97	128	497	496	465	464	433	432	401	400
10	23	42	55	74	87	106	119	506	487	474	455	442	423	410	391
12	21	44	53	76	85	108	117	508	485	476	453	444	421	412	389
3	30	35	62	67	94	99	126	499	494	467	462	435	430	403	398
9	24	41	56	73	88	105	120	505	488	473	456	441	424	409	392
2	31	34	63	66	95	98	127	498	495	466	463	434	431	402	399
4	29	36	61	68	93	100	125	500	493	468	461	436	429	404	397
11	22	43	54	75	86	107	118	507	486	475	454	443	422	411	390
16	17	48	49	80	81	112	113	512	481	480	449	448	417	416	385
7	26	39	58	71	90	103	122	503	490	471	458	439	426	407	394
5	28	37	60	69	92	101	124	501	492	469	460	437	428	405	396
14	19	46	51	78	83	110	115	510	483	478	451	446	419	414	387
8	25	40	57	72	89	104	121	504	489	472	457	440	425	408	393
15	18	47	50	79	82	111	114	511	482	479	450	447	418	415	386

图 7-30　行变换后所得方阵 B_1

13	20	45	52	77	84	109	116	509	484	477	452	445	420	413	388
502	491	470	459	438	427	406	395	6	27	38	59	70	91	102	123
1	32	33	64	65	96	97	128	497	496	465	464	433	432	401	400
506	487	474	455	442	423	410	391	10	23	42	55	74	87	106	119
12	21	44	53	76	85	108	117	508	485	476	453	444	421	412	389
499	494	467	462	435	430	403	398	3	30	35	62	67	94	99	126
9	24	41	56	73	88	105	120	505	488	473	456	441	424	409	392
498	495	466	463	434	431	402	399	2	31	34	63	66	95	98	127
4	29	36	61	68	93	100	125	500	493	468	461	436	429	404	397
507	486	475	454	443	422	411	390	11	22	43	54	75	86	107	118
16	17	48	49	80	81	112	113	512	481	480	449	448	417	416	385
503	490	471	458	439	426	407	394	7	26	39	58	71	90	103	122
5	28	37	60	69	92	101	124	501	492	469	460	437	428	405	396
510	483	478	451	446	419	414	387	14	19	46	51	78	83	110	115
8	25	40	57	72	89	104	121	504	489	472	457	440	425	408	393
511	482	479	450	447	418	415	386	15	18	47	50	79	82	111	114

图 7-31　16 阶非正规最完美幻方 C_1

　　取第 9 ～ 16 和第 17 ～ 24 组的数，按照构造最完美幻方的三步法构造右边那个最完美幻方．此处各组的数字是按非自然数顺序但符合对称原则的顺序排列的，排列规则与构造左边那个最完美幻方时完全相同．16 阶基方阵 A_2 如图 7-32 所示，基方阵

A_2 行变换后所得方阵 B_2 如图 7-33 所示，而 16 阶阶非正规最完美幻方 C_2，如图 7-34 所示．

141	148	173	180	205	212	237	244	381	356	349	324	317	292	285	260
134	155	166	187	198	219	230	251	374	363	342	331	310	299	278	267
129	160	161	192	193	224	225	256	369	368	337	336	305	304	273	272
138	151	170	183	202	215	234	247	378	359	346	327	314	295	282	263
140	149	172	181	204	213	236	245	380	357	348	325	316	293	284	261
131	158	163	190	195	222	227	254	371	366	339	334	307	302	275	270
137	152	169	184	201	216	233	248	377	360	345	328	313	296	281	264
130	159	162	191	194	223	226	255	370	367	338	335	306	303	274	271
143	146	175	178	207	210	239	242	383	354	351	322	319	290	287	258
136	153	168	185	200	217	232	249	376	361	344	329	312	297	280	265
142	147	174	179	206	211	238	243	382	355	350	323	318	291	286	259
133	156	165	188	197	220	229	252	373	364	341	332	309	300	277	268
135	154	167	186	199	218	231	250	375	362	343	330	311	298	279	266
144	145	176	177	208	209	240	241	384	353	352	321	320	289	288	257
139	150	171	182	203	214	235	246	379	358	347	326	315	294	283	262
132	157	164	189	196	221	228	253	372	365	340	333	308	301	276	269

图 7-32　16 阶基方阵 A_2

141	148	173	180	205	212	237	244	381	356	349	324	317	292	285	260
134	155	166	187	198	219	230	251	374	363	342	331	310	299	278	267
129	160	161	192	193	224	225	256	369	368	337	336	305	304	273	272
138	151	170	183	202	215	234	247	378	359	346	327	314	295	282	263
140	149	172	181	204	213	236	245	380	357	348	325	316	293	284	261
131	158	163	190	195	222	227	254	371	366	339	334	307	302	275	270
137	152	169	184	201	216	233	248	377	360	345	328	313	296	281	264
130	159	162	191	194	223	226	255	370	367	338	335	306	303	274	271
132	157	164	189	196	221	228	253	372	365	340	333	308	301	276	269
139	150	171	182	203	214	235	246	379	358	347	326	315	294	283	262
144	145	176	177	208	209	240	241	384	353	352	321	320	289	288	257
135	154	167	186	199	218	231	250	375	362	343	330	311	298	279	266
133	156	165	188	197	220	229	252	373	364	341	332	309	300	277	268
142	147	174	179	206	211	238	243	382	355	350	323	318	291	286	259
136	153	168	185	200	217	232	249	376	361	344	329	312	297	280	265
143	146	175	178	207	210	239	242	383	354	351	322	319	290	287	258

图 7-33　行变换后所得方阵 B_2

141	148	173	180	205	212	237	244	381	356	349	324	317	292	285	260
374	363	342	331	310	299	278	267	134	155	166	187	198	219	230	251
129	160	161	192	193	224	225	256	369	368	337	336	305	304	273	272
378	359	346	327	314	295	282	263	138	151	170	183	202	215	234	247
140	149	172	181	204	213	236	245	380	357	348	325	316	293	284	261
371	366	339	334	307	302	275	270	131	158	163	190	195	222	227	254
137	152	169	184	201	216	233	248	377	360	345	328	313	296	281	264
370	367	338	335	306	303	274	271	130	159	162	191	194	223	226	255
132	157	164	189	196	221	228	253	372	365	340	333	308	301	276	269
379	358	347	326	315	294	283	262	139	150	171	182	203	214	235	246
144	145	176	177	208	209	240	241	384	353	352	321	320	289	288	257
375	362	343	330	311	298	279	266	135	154	167	186	199	218	231	250
133	156	165	188	197	220	229	252	373	364	341	332	309	300	277	268
382	355	350	323	318	291	286	259	142	147	174	179	206	211	238	243
136	153	168	185	200	217	232	249	376	361	344	329	312	297	280	265
383	354	351	322	319	290	287	258	143	146	175	178	207	210	239	242

图 7-34 16 阶非正规最完美幻方 C_2

第二步,把图 7-31 和图 7-34 两个 16 阶非正规最完美幻方 C_1 和 C_2 组合就得一个 16×32 的最完美幻矩形,如图 7-35 所示.

图 7-35 是一个 16×32 的最完美幻矩形由 1 ~ 512 的自然数所组成,其每列 16 个数之和都是 4104,而每行 32 个数之和都是 8208,恰是 4104 的 2 倍,其左右两个 16×16 方阵对角线或泛对角线上 16 个数之和都是 4104,对角线或泛对角线上,间距为 8 个位置的 2 个数字之和都等于 512+1=513. 且在矩形中任意位置上截取一个 2×2 的小方阵,包括由一半在这个幻矩形的第 1 行(或第 1 列),另一半在幻矩形第 16 行(或第 32 列)所组成的跨边界 2×2 小方阵,其中 4 个数之和都等于 1026.

你会构造 16×32 的最完美幻矩形了吗? 构造 16×48 的最完美幻矩形又如何?

260	285	292	317	324	349	356	381	244	237	212	205	180	173	148	141	388	413	420	445	452	477	484	509	116	109	84	77	52	45	20	13
251	230	219	198	187	166	155	134	267	278	299	310	331	342	363	374	123	102	91	70	59	38	27	6	395	406	427	438	459	470	491	502
272	273	304	305	336	337	368	369	256	225	224	193	192	161	160	129	400	401	432	433	464	465	496	497	128	97	96	65	64	33	32	1
247	234	215	202	183	170	151	138	263	282	295	314	327	346	359	378	119	106	87	74	55	42	23	10	391	410	423	442	455	474	487	506
261	284	293	316	325	348	357	380	245	236	213	204	181	172	149	140	389	412	421	444	453	476	485	508	117	108	85	76	53	44	21	12
254	227	222	195	190	163	158	131	270	275	302	307	334	339	366	371	126	99	94	67	62	35	30	3	398	403	430	435	462	467	494	499
264	281	296	313	328	345	360	377	248	233	216	201	184	169	152	137	392	409	424	441	456	473	488	505	120	105	88	73	56	41	24	9
255	226	223	194	191	162	159	130	271	274	303	306	335	338	367	370	127	98	95	66	63	34	31	2	399	402	431	434	463	466	495	498
269	276	301	308	333	340	365	372	253	228	221	196	189	164	157	132	397	404	429	436	461	468	493	500	125	100	93	68	61	36	29	4
246	235	214	203	182	171	150	139	262	283	294	315	326	347	358	379	118	107	86	75	54	43	22	11	390	411	422	443	454	475	486	507
257	288	289	320	321	352	353	384	241	240	209	208	177	176	145	144	385	416	417	448	449	480	481	512	113	112	81	80	49	48	17	16
250	231	218	199	186	167	154	135	266	279	298	311	330	343	362	375	122	103	90	71	58	39	26	7	394	407	426	439	458	471	490	503
268	277	300	309	332	341	364	373	252	229	220	197	188	165	156	133	396	405	428	437	460	469	492	501	124	101	92	69	60	37	28	5
243	238	211	206	179	174	147	142	259	286	291	318	323	350	355	382	115	110	83	78	51	46	19	14	387	414	419	446	451	478	483	510
265	280	297	312	329	344	361	376	249	232	217	200	185	168	153	136	393	408	425	440	457	472	489	504	121	104	89	72	57	40	25	8
242	239	210	207	178	175	146	143	258	287	290	319	322	351	354	383	114	111	82	79	50	47	18	15	386	415	418	447	450	479	482	511

图 7-35　16×32 的最美完美幻矩形

7.4　$4m \times k(4m)$ 的最完美幻矩形

7.4.1　如何构造 $4m \times k(4m)(m=1,2,\cdots$ 为自然数，$k=2,3,\cdots$ 亦为自然数) 阶最完美幻矩形？

这个最完美幻矩形由 k 个 $4m$ 阶非正规的最完美幻方组合而成.

第一步，把 $1 \sim k(4m)^2$ 的自然数按从小到大均分为 $k(4m)$ 组，每组有 $4m$ 个数.

从左到右第一个 $4m$ 阶最完美幻方由第 $1 \sim 2m$ 和第 $(2k-1) \cdot (2m)+1 \sim 2k(2m)$ 组的数所组成. 取第 $1 \sim 2m$ 和第 $(2k-1) \cdot (2m)+1 \sim 2k(2m)$ 组的数，按照构造最完美幻方的三步法构造第一个 $4m$ 阶非正规的最完美幻方. 各组的数字可按自然数顺序也可按非自然数顺序（需符合对称原则）排列.

从左到右第二个 $4m$ 阶非正规的最完美幻方由第 $2m+1 \sim 4m$ 和第 $(2k-1)(2m)+1 \sim 2k(2m)$ 组的数所组成. 取第 $2m+1 \sim 4m$ 和第 $(2k-1)(2m)+1 \sim 2k(2m)$ 组的数，按照构造最完美幻方的三步法构造第二个 $4m$ 阶非正规的最完美幻方. 各组的数字按构造第一个最完美幻方时同样的规则排列.

从左到右第 t（$t=1,2,\cdots,k$ 为自然数）个 $4m$ 阶非正规的最完美幻方由第 $(t-1) \cdot (2m)+1 \sim t(2m)$ 和第 $(2k-t) \cdot (2m)+1 \sim (2k-t+1) \cdot (2m)$ 组的数所组成. 取第 $(t-1) \cdot (2m)+1 \sim t(2m)$ 和第 $(2k-t) \cdot (2m)+1 \sim (2k-t+1) \cdot (2m)$ 组的数，按照构造最完美幻方的三步法构造第 t 个 $4m$ 阶非正规的最完美幻方. 各组的数字按构造第一个 $4m$ 阶非正规的最完美幻方时同样的规则排列.

第二步，把第一步得到的 k 个 $4m$ 阶最完美幻方，从左到右安排在一起就得到一个 $4m \times k(4m)$ 的最完美幻矩形. 这个最完美幻矩形由 $1 \sim k(4m)^2$ 的自然数所组成，其每列 $4m$ 个数之和都是 $2m[k(4m)^2+1]$，而每行 $k(4m)$ 个数之和都是 $2km[k(4m)^2+1]$，恰是 $2m[k(4m)^2+1]$ 的 k 倍. 构成最完美幻矩形的每一个 $4m \times 4m$ 方阵对角线或泛对角线上 $4m$ 个数之和都是 $2m[k(4m)^2+1]$，对角线或泛对角线上，间距为 $2m$ 个位置的 2 个数字之和都等于 $k(4m)^2+1$. 且在矩形中任意位置上截取一个 2×2 的小方阵，包括由一半在这个幻矩形的第 1 行（或第 1 列），另一半在幻矩形第 $4m$ 行（或第 $k(4m)$ 列）所组成的跨边界 2×2 小方阵，其中 4 个数之和都等于 $2[k(4m)^2+1]$.

由于构造 $4m \times k(4m)$（$m=1,2,\cdots$ 为自然数，$k=2,3,\cdots$ 亦为自然数）的最完美

幻矩形 k 个 $4m$ 阶非正规的最完美幻方时各组的数字按同样的规则排列，用三步法可构造出 $2^{2m}((2m)!)$ 个不同的双偶数 $n=4m(m=1,2,\cdots$ 为自然数$)$ 阶最完美幻方，所以借助构造双偶数 $n=4m(m=1,2,\cdots$ 为自然数$)$ 阶最完美幻方的三步法可构造出 $2^{2m}((2m)!)$ 个不同的 $4m \times k(4m)$ $(m=1,2,\cdots$ 为自然数, $k=2,3,\cdots$ 亦为自然数$)$ 的最完美幻矩形.

注意到从左到右 k 个 $4m$ 阶非正规的最完美幻方中，左边第一个 $4m$ 阶非正规的最完美幻方其左半部分 $2m$ 列中，任意选取若干列各自与与其相距 $2m$ 列的相应列做列交换，其余 $k-1$ 个 $4m$ 阶非正规的最完美幻方作相同的列交换，所得仍是一个 $4m \times k(4m)$ $(m=1,2,\cdots$ 为自然数, $k=2,3,\cdots$ 亦为自然数$)$ 的最完美幻矩形。

又注意到从左到右 k 个 $4m$ 阶非正规的最完美幻方中，左边第一个 $4m$ 阶非正规的最完美幻方其左半部分 $2m$ 列在左半部分中向右顺移，右半部分亦做相应的右移，其余 $k-1$ 个 $4m$ 阶非正规的最完美幻方作相同的顺移，所得仍是一个 $4m \times k(4m)$ $(m=1,2,\cdots$ 为自然数, $k=2,3,\cdots$ 亦为自然数$)$ 的最完美幻矩形.

所以借助构造双偶数 $n=4m(m=1,2,\cdots$ 为自然数$)$ 阶最完美幻方的三步法实际上可构造出 $2^{2m}((2m)!)(2^{2m}-1)(2m)$ 个不同的 $4m \times k(4m)$ $(m=1,2,\cdots$ 为自然数, $k=2,3,\cdots$ 亦为自然数$)$ 的最完美幻矩形.

第8章 $(2m+1) \times (2m-1)(2m+1)$ 的完美幻矩形

你见过奇数×奇数的幻矩形吗？网上搜索并未见到.

在上章中我们已经看到，借助构造双偶数 $n=4m(m=1,2,\cdots$ 为自然数) 阶最完美幻方的三步法可构造出 $4m \times k(4m)(m=1,2,\cdots$ 为自然数，$k=2,3,\cdots$ 亦为自然数) 的最完美幻矩形. 很自然地人们会期待借助构造奇数阶完美幻方的两步法能构造出相应的完美幻矩形来，这种期待是合理的.

本章讲述如何构造 5×15 的完美幻矩形，7×35 的完美幻矩形以及 $(2m+1) \times (2m-1)(2m+1)$ 的完美幻矩形，其中 m 为 $m \neq 3t+1$ $t=0,1,2,\cdots$ 的自然数.

8.1 5×15 的完美幻矩形

如何构造 5×15 的完美幻矩形？这个完美幻矩形由左，中，右三个 5 阶完美幻方组合而成.

8.1.1 最简单的 5×15 的完美幻矩形

第一步，把 $1 \sim 75$ 的自然数按从小到大均分为 15 组，为确定左，中，右三个 5 阶完美幻方都各由那几组数构成，把各组的序号如图 8-1 排列.

3	4	8	12	13
1	5	9	10	15
2	6	7	11	14

图 8-1

取第 3,4,8,12 和 13 组的数，按照构造完美幻方的两步法构造左边那个完美幻方. 此处各组的数字是按自然数顺序排列的. 基方阵 A_1 如图 8-2 所示，非正规的完美幻方 B_1 如图 8-3 所示.

14	20	36	57	63
15	16	37	58	64
11	17	38	59	65
12	18	39	60	61
13	19	40	56	62

图 8-2　基方阵 A_1

20	36	57	63	14
58	64	15	16	37
11	17	38	59	65
39	60	61	12	18
62	13	19	40	56

图 8-3　非正规的完美幻方 B_1

　　取第 1,5,9,10 和 15 组的数，按照构造完美幻方的两步法构造中间那个完美幻方．此处各组的数字是按自然数顺序排列的．基方阵 A_2 如图 8-4 所示，非正规的完美幻方 B_2 如图 8-5 所示．

4	25	41	47	73
5	21	42	48	74
1	22	43	49	75
2	23	44	50	71
3	24	45	46	72

图 8-4　基方阵 A_2

25	41	47	73	4
48	74	5	21	42
1	22	43	49	75
44	50	71	2	23
72	3	24	45	46

图 8-5　非正规的完美幻方 B_2

　　取第 2,6,7,11 和 14 组的数，按照构造完美幻方的两步法构造右边那个完美幻方．此处各组的数字是按自然数顺序排列的．基方阵 A_3 如图 8-6 所示，非正规的完美幻方 B_3 如图 8-7 所示．

9	30	31	52	68
10	26	32	53	69
6	27	33	54	70
7	28	34	55	66
8	29	35	51	67

图 8-6　基方阵 A_3

30	31	52	68	9
53	69	10	26	32
6	27	33	54	70
34	55	66	7	28
67	8	29	35	51

图 8-7　非正规的完美幻方 B_3

第二步, 把图 8-3, 图 8-5 和图 8-7 三个 5 阶非正规完美幻方 B_1, B_2 和 B_3 组合就得一个 5×15 的完美幻矩形, 如图 8-8 所示.

20	36	57	63	14	25	41	47	73	4	30	31	52	68	9
58	64	15	16	37	48	74	5	21	42	53	69	10	26	32
11	17	38	59	65	1	22	43	49	75	6	27	33	54	70
39	60	61	12	18	44	50	71	2	23	34	55	66	7	28
62	13	19	40	56	72	3	24	45	46	67	8	29	35	51

图 8-8　5×15 的完美幻矩形

图 8-8 的 5×15 的完美幻矩形由 $1 \sim 75$ 的自然数所组成, 其每列 5 个数之和都是 190, 而每行 15 个数之和都是 570, 恰是 190 的 3 倍, 其左, 中, 右三个 5×5 方阵每行每列上 5 个数之和都是 190, 对角线或泛对角线上 5 个数之和都是 190.

8.1.2　5×15 的完美幻矩形

第一步, 把 $1 \sim 75$ 的自然数按从小到大均分为 15 组, 为确定左, 中, 右三个 5 阶完美幻方都各由那几组数构成, 把各组的序号如图 8-9 排列.

3	4	8	12	13
1	5	9	10	15
2	6	7	11	14

图 8-9

取第 3,4,8,12 和 13 组的数, 按照构造完美幻方的两步法构造左边那个完美幻方.

此处可随意选择各组所在的列，而各组的数字是按相同的非自然数顺序排列的．基方阵 A_1 如图 8-10 所示，非正规的完美幻方 B_1 如图 8-11 所示．

57	15	36	64	18
60	11	39	63	17
56	14	38	62	20
59	13	37	65	16
58	12	40	61	19

图 8-10　基方阵 A_1

15	36	64	18	57
63	17	60	11	39
56	14	38	62	20
37	65	16	59	13
19	58	12	40	61

图 8-11　非正规的完美幻方 B_1

取第 1,5,9,10 和 15 组的数，按照构造完美幻方的两步法构造中间那个完美幻方．此处各组所在的列与基方阵 A_1 对应，而各组的数字是按基方阵 A_1 同样的非自然数顺序排列的．基方阵 A_2 如图 8-12 所示，非正规的完美幻方 B_2 如图 8-13 所示．

47	5	41	74	23
50	1	44	73	22
46	4	43	72	25
49	3	42	75	21
48	2	45	71	24

图 8-12　基方阵 A_2

5	41	74	23	47
73	22	50	1	44
46	4	43	72	25
42	75	21	49	3
24	48	2	45	71

图 8-13　非正规的完美幻方 B_2

取第 2,6,7,11 和 14 组的数，按照构造完美幻方的两步法构造右边那个完美幻方．此处各组所在的列与基方阵 A_1 对应，而各组的数字是按基方阵 A_1 同样的非自然数顺序排列的．基方阵 A_3 如图 8-14 所示，非正规的完美幻方 B_3 如图 8-15 所示．

52	10	31	69	28
55	6	34	68	27
51	9	33	67	30
54	8	32	70	26
53	7	35	66	29

图 8-14　基方阵 A_3

10	31	69	28	52
68	27	55	6	34
51	9	33	67	30
32	70	26	54	8
29	53	7	35	66

图 8-15　非正规的完美幻方 B_3

第二步,把图 8-11,图 8-13 和图 8-15 三个 5 阶非正规完美幻方 B_1, B_2 和 B_3 组合就得一个 5×15 的完美幻矩形,如图 8-16 所示.

15	36	64	18	57	5	41	74	23	47	10	31	69	28	52
63	17	60	11	39	73	22	50	1	44	68	27	55	6	34
56	14	38	62	20	46	4	43	72	25	51	9	33	67	30
37	65	16	59	13	42	75	21	49	3	32	70	26	54	8
19	58	12	40	61	24	48	2	45	71	29	53	7	35	66

图 8-16　5×15 的完美幻矩形

注意,用于构造每一个 5 阶非正规完美幻方的各组的数字,在安装基方阵时处于何列是随意的,5 阶非正规完美幻方 B_1, B_2 和 B_3 随意组合所得亦是一个 5×15 的完美幻矩形.那么借助构造完美幻方的两步法我们能构造出多少个不同的 5×15 的完美幻矩形,你能算出这个数目吗?

为便于读者阅读,第一步中给出的组序号的长方形是最简单的,其一般形式在本章最后一节中给出.

8.2　7×35 的完美幻矩形

8.2.1　如何构造 7×35 的完美幻矩形?

这个完美幻矩形,从左到右由五个 7 阶完美幻方组合而成.

第一步,把 1 ~ 245 的自然数按从小到大均分为 35 组,为确定从左到右五个 7 阶完美幻方都各由那几组数构成,把各组的序号如图 8-17 排列.

4	10	11	17	23	29	32
5	6	12	18	24	30	31
1	7	13	19	25	26	35
2	8	14	20	21	27	34
3	9	15	16	22	28	33

图 8-17

取第 4,10,11,17,23,29 和 32 组的数,按照构造完美幻方的两步法构造从左到右第一个完美幻方.此处各组的数字是按自然数顺序排列的.基方阵 A_1 如图 8-18 所示,非正规的完美幻方 B_1 如图 8-19 所示.

26	69	77	113	156	199	221
27	70	71	114	157	200	222
28	64	72	115	158	201	223
22	65	73	116	159	202	224
23	66	74	117	160	203	218
24	67	75	118	161	197	219
25	68	76	119	155	198	220

图 8-18 基方阵 A_1

69	77	113	156	199	221	26
114	157	200	222	27	70	71
201	223	28	64	72	115	158
22	65	73	116	159	202	224
74	117	160	203	218	23	66
161	197	219	24	67	75	118
220	25	68	76	119	155	198

图 8-19 非正规的完美幻方 B_1

取第 5,6,12,18,24,30 和 31 组的数,按照构造完美幻方的两步法构造从左到右第二个完美幻方.此处各组的数字是按自然数顺序排列的.基方阵 A_2 如图 8-20 所示,非正规的完美幻方 B_2 如图 8-21 所示.

33	41	84	120	163	206	214
34	42	78	121	164	207	215
35	36	79	122	165	208	216
29	37	80	123	166	209	217
30	38	81	124	167	210	211
31	39	82	125	168	204	212
32	40	83	126	162	205	213

图 8-20　基方阵 A_2

41	84	120	163	206	214	33
121	164	207	215	34	42	78
208	216	35	36	79	122	165
29	37	80	123	166	209	217
81	124	167	210	211	30	38
168	204	212	31	39	82	125
213	32	40	83	126	162	205

图 8-21　非正规的完美幻方 B_2

取第 1,7,13,19,25,26 和 35 组的数，按照构造完美幻方的两步法构造从左到右第三个完美幻方. 此处各组的数字是按自然数顺序排列的. 基方阵 A_3 如图 8-22 所示，非正规的完美幻方 B_3 如图 8-23 所示.

5	48	91	127	170	178	242
6	49	85	128	171	179	243
7	43	86	129	172	180	244
1	44	87	130	173	181	245
2	45	88	131	174	182	239
3	46	89	132	175	176	240
4	47	90	133	169	177	241

图 8-22　基方阵 A_3

48	91	127	170	178	242	5
128	171	179	243	6	49	85
180	244	7	43	86	129	172
1	44	87	130	173	181	245
88	131	174	182	239	2	45
175	176	240	3	46	89	132
241	4	47	90	133	169	177

图 8-23 非正规的完美幻方 B_3

取第 2,8,14,20,21,27 和 34 组的数,按照构造完美幻方的两步法构造从左到右第四个完美幻方.此处各组的数字是按自然数顺序排列的.基方阵 A_4 如图 8-24 所示,非正规的完美幻方 B_4 如图 8-25 所示.

12	55	98	134	142	185	235
13	56	92	135	143	186	236
14	50	93	136	144	187	237
8	51	94	137	145	188	238
9	52	95	138	146	189	232
10	53	96	139	147	183	233
11	54	97	140	141	184	234

图 8-24 基方阵 A_4

55	98	134	142	185	235	12
135	143	186	236	13	56	92
187	237	14	50	93	136	144
8	51	94	137	145	188	238
95	138	146	189	232	9	52
147	183	233	10	53	96	139
234	11	54	97	140	141	184

图 8-25 非正规的完美幻方 B_4

取第 3,9,15,16,22,28 和 33 组的数,按照构造完美幻方的两步法构造从左到右第五个完美幻方.此处各组的数字是按自然数顺序排列的.基方阵 A_5 如图 8-26 所示,非正规的完美幻方 B_5 如图 8-27 所示.

19	62	105	106	149	192	228
20	63	99	107	150	193	229
21	57	100	108	151	194	230
15	58	101	109	152	195	231
16	59	102	110	153	196	225
17	60	103	111	154	190	226
18	61	104	112	148	191	227

图 8-26　基方阵 A_5

62	105	106	149	192	228	19
107	150	193	229	20	63	99
194	230	21	57	100	108	151
15	58	101	109	152	195	231
102	110	153	196	225	16	59
154	190	226	17	60	103	111
227	18	61	104	112	148	191

图 8-27　非正规的完美幻方 B_5

第二步, 把图 8-19, 图 8-21, 图 8-23, 图 8-25 和图 8-27 五个 7 阶非正规完美幻方 B_1, B_2, B_3, B_4 和 B_5 组合就得一个 7×35 的完美幻矩形, 如图 8-28 所示.

19	228	192	149	106	105	62	12	235	185	142	134	98	55	5	242	178	170	127	91	48	33	214	206	163	120	84	41	26	221	199	156	113	77	69
99	63	20	229	193	150	107	92	56	13	236	186	143	135	85	49	6	243	179	171	128	78	42	34	215	207	164	121	71	70	27	222	200	157	114
151	108	100	57	21	230	194	144	136	93	50	14	237	187	172	129	86	43	7	244	180	165	122	79	36	35	216	208	158	115	72	64	28	223	201
231	195	152	109	101	58	15	238	188	145	137	94	51	8	245	181	173	130	87	44	1	217	209	166	123	80	37	29	224	202	159	116	73	65	22
59	16	225	196	153	110	102	52	9	232	189	146	138	95	45	2	239	182	174	131	88	38	30	211	210	167	124	81	66	23	218	203	160	117	74
111	103	60	17	226	190	154	139	96	53	10	233	183	147	132	89	46	3	240	176	175	125	82	39	31	212	204	168	118	75	67	24	219	197	161
191	148	112	104	61	18	227	184	141	140	97	54	11	234	177	169	133	90	47	4	241	205	162	126	83	40	32	213	198	155	119	76	68	25	220

图 8-28 7×35 的完美幻矩形

图 8-28 的 7×35 的完美幻矩形由 $1\sim245$ 的自然数所组成，其每列 7 个数之和都是 861，而每行 35 个数之和都是 4305，恰是 861 的 5 倍，其从左到右五个 7×7 方阵每行，每列上 7 个数之和都是 861，对角线或泛对角线上 7 个数之和都是 861，即 7×35 的完美幻矩形中从左到右五个 7×7 阵都是完美幻方.

你会构造一个不同于本例的 7×35 的完美幻矩形了吗？自己动手试一试，探索一下如何？

注意，用于构造每一个 7 阶非正规完美幻方的各组的数字，在安装基方阵时处于何列是随意的，7 阶非正规完美幻方 B_1，B_2，B_3，B_4 和 B_5 随意组合所得亦是一个 7×35 的完美幻矩形. 那么借助构造完美幻方的两步法我们能构造出多少个不同的 7×35 的完美幻矩形，你能算出这个数目吗？

为便于读者阅读，第一步中给出的组序号的长方形是最简单的，其一般形式在本章第三节中给出.

8.3　$(2m+1)\times(2m-1)(2m+1)$ 的完美幻矩形

如何构造 $(2m+1)\times(2m-1)(2m+1)$ 的完美幻矩形，其中 m 为 $m\neq3t+1$ $t=0,1,2,\cdots$ 的自然数. 这个完美幻矩形由从左到右 $2m-1$ 个 $2m+1$ 阶完美幻方组合而成.

第一步，把 $1\sim(2m-1)(2m+1)^2$ 的自然数按从小到大均分为 $(2m-1)(2m+1)$ 组，为确定从左到右各个（$2m+1$）阶完美幻方都各由那几组数构成，把各组的序号按特定的方式排成一个 $(2m-1)\times(2m+1)$ 的长方阵，记其位于第 i 行，第 j 列的元素为 $a(i,j)$（$i=1,2,\cdots,2m-1$；$j=1,2,\cdots,2m+1$）

$a(i,j)=(2m-1)\cdot c_j+d_{r(m-1+(i+j))}$（$i,j=1,2,\cdots,2m-1$）

$a(i,2m)=(2m-1)\cdot c_{2m}+d_{r(m+i)}$（$i=1,2,\cdots,2m-1$）

$a(i,2m+1)=(2m-1)\cdot c_{2m+1}+d_{r(m-i)}$（$i=1,2,\cdots,2m-1$）

其中 $r(t)$ 为余函数，

$$r=r(t)=\begin{cases}n & t\mid n\\ q(t) & \text{当 } other \text{ 时}\end{cases}$$

（$n=2m-1$，m,t 是自然数，$t\mid n$ 表示 t 被 n 整除，$q(t)$ 表示 t 除以 n 的余数）

C_j（$j = 1,2,\cdots,2m+1$）取遍 $0 \sim 2m$ 的自然数，$\sum\limits_{j=1}^{j=2m+1} c_j = m(2m+1)$

·d_k（$k = 1,2,\cdots,2m-1$）取遍 $1 \sim (2m-1)$ 的自然数，$\sum\limits_{k=1}^{k=2m-1} d_k = m(2m-1)$

取与上述 $(2m-1) \times (2m+1)$ 的长方阵，第 i 行的元素 $a(i,j)$（$j = 1,2,\cdots,2m+1$）对应组的数，即第 $a(i,j)$（$j = 1,2,\cdots,2m+1$）组的数，按照构造完美幻方的两步法构造从左到右第 i（$i = 1,2,\cdots,2m-1$）个完美幻方.

第二步，把第一步得到的 $2m-1$ 个 $2m+1$ 阶完美幻方，随意组合就是一个的完美幻矩形.

还要提及的是构造完美幻方的两步法中关于基方阵 A 中间一列的限制是完全没有必要的，所以借助构造完美幻方的两步法我们应能构造出 $((2m-1)!) \cdot ((2m)!) \cdot ((2m+1)!)$ 个不同的 $(2m+1) \times (2m-1)(2m+1)$ 的完美幻矩形.

第 9 章　$n=3^k$ 阶完美幻方

如何构造奇数 $n=3(2m+1)$（ $m=1,2,\cdots$ 为自然数 ）阶完美幻方一直是一个较构造其他平面幻方困难得多且基本上还没得到解决的问题.《你亦可以造幻方》给出了构造 9 阶完美幻方的方法, 本章讲述构造 $n=3^k$（ $k=3,4,\cdots$ 为自然数 ）阶完美幻方的六步法, 第十章讲述构造 $3n$（ $n=2m+1$, m 为 $m \neq 3t+1$, $t=0,1,2,\cdots$ 的自然数）阶完美幻方的五步法, 这些方法的理论证明已 发表在有关刊物上. 至此构造奇数 $n=3(2m+1)$（ $m=1,2,\cdots$ 为自然数 ）阶完美幻方的方法问题就得到了完全的解决. 但这并不排斥存在构造奇数 $n=3(2m+1)$（ $m=1,2,\cdots$ 为自然数 ）阶完美幻方的其他方法, 等待着读者去发现, 而这正正是各种幻方问题迷人之处: 幻方中有永远解不完的谜, 吸引着古今中外一代又一代的人们去探索去发现.

9.1　27 阶完美幻方

9.1.1　如何构造 $n=3^3$=27 阶完美幻方?

第一步, 把 $1 \sim 27$ 按如下方式分为 9 个基本组, 每组 3 个数, 其和均为 42.
具体如下:

$$1,14,27; \ 2,16,24; \ 3,17,22;$$
$$4,12,26; \ 5,18,19; \ 6,11,25;$$
$$7,15,20; \ 8,13,21; \ 9,10,23.$$

第二步, 构造基本行 1, 基本行 2 和基本行 3.

从 9 个基本组中任取三个小组, 比如, 4,12,26; 8,13,21; 3,17,22. 4,12,26 随意置于基本行 1 从左到右的第 $1+3(j-1)$（ $j=1,2,3$ ）个位置; 8,13,21 随意置于基本行 1 从

左到右的第 $2+3(j-1)$ （ $j=1,2,3$ ）个位置；3,17,22 随意置于基本行 1 从左到右的第 $3+3(j-1)=3j$ （ $j=1,2,3$ ）个位置，至此得基本行 1 如图 9-1 所示.

26	21	22	4	8	3	12	13	17

图 9-1　基本行 1

从剩下的 6 个基本组中任取三个小组，比如，5,18,19; 1,14,27; 9,10,23. 按构造基本行 1 的规则构造基本行 2, 得基本行 2 如图 9-2 所示.

19	27	23	5	1	9	18	14	10

图 9-2　基本行 2

由剩下的 3 个基本组 6,11,25; 7,15,20; 2,16,24. 按同样的规则得基本行 3 如图 9-3 所示.

25	20	24	6	7	2	11	15	16

图 9-3　基本行 3

第三步，构造 $n=3^3=27$ 阶基方阵 A.

从左到右取基本行 1 三次作为基方阵 A 的第一行，第一行的元素向左顺移 3 个位置得第二行，第二行的元素向左顺移 3 个位置得第三行，依此类推直至得出第 9 行.

从左到右取基本行 2 三次作为基方阵 A 的第 10 行，第 10 行的元素向左顺移 3 个位置得第 11 行，第 11 行的元素向左顺移 3 个位置得第 12 行，依此类推直至得出第 18 行.

从左到右取基本行 3 三次作为基方阵 A 的第 19 行，第 19 行的元素向左顺移 3 个位置得第 20 行，第 20 行的元素向左顺移 3 个位置得第 21 行，依此类推直至得出第 27 行.

基方阵 A 如图 9-4 所示.

17	22	3	17	22	3	17	22	3	10	23	9	10	23	9	10	23	9	16	24	2	16	24	2	16	24	2
13	21	8	13	21	8	13	21	8	14	27	1	14	27	1	14	27	1	15	20	7	15	20	7	15	20	7
12	26	4	12	26	4	12	26	4	18	19	5	18	19	5	18	19	5	11	25	6	11	25	6	11	25	6
3	17	22	3	17	22	3	17	22	9	10	23	9	10	23	9	10	23	2	16	24	2	16	24	2	16	24
8	13	21	8	13	21	8	13	21	1	14	27	1	14	27	1	14	27	7	15	20	7	15	20	7	15	20
4	12	26	4	12	26	4	12	26	5	18	19	5	18	19	5	18	19	6	11	25	6	11	25	6	11	25
22	3	17	22	3	17	22	3	17	23	9	10	23	9	10	23	9	10	24	2	16	24	2	16	24	2	16
21	8	13	21	8	13	21	8	13	27	1	14	27	1	14	27	1	14	20	7	15	20	7	15	20	7	15
26	4	12	26	4	12	26	4	12	19	5	18	19	5	18	19	5	18	25	6	11	25	6	11	25	6	11
10	23	9	10	23	9	10	23	9	16	24	2	16	24	2	16	24	2	17	22	3	17	22	3	17	22	3
14	27	1	14	27	1	14	27	1	15	20	7	15	20	7	15	20	7	13	21	8	13	21	8	13	21	8
18	19	5	18	19	5	18	19	5	11	25	6	11	25	6	11	25	6	12	26	4	12	26	4	12	26	4
9	10	23	9	10	23	9	10	23	2	16	24	2	16	24	2	16	24	3	17	22	3	17	22	3	17	22
1	14	27	1	14	27	1	14	27	7	15	20	7	15	20	7	15	20	8	13	21	8	13	21	8	13	21
5	18	19	5	18	19	5	18	19	6	11	25	6	11	25	6	11	25	4	12	26	4	12	26	4	12	26
23	9	10	23	9	10	23	9	10	24	2	16	24	2	16	24	2	16	22	3	17	22	3	17	22	3	17
27	1	14	27	1	14	27	1	14	20	7	15	20	7	15	20	7	15	21	8	13	21	8	13	21	8	13
19	5	18	19	5	18	19	5	18	25	6	11	25	6	11	25	6	11	26	4	12	26	4	12	26	4	12
16	24	2	16	24	2	16	24	2	17	22	3	17	22	3	17	22	3	10	23	9	10	23	9	10	23	9
15	20	7	15	20	7	15	20	7	13	21	8	13	21	8	13	21	8	14	27	1	14	27	1	14	27	1
11	25	6	11	25	6	11	25	6	12	26	4	12	26	4	12	26	4	18	19	5	18	19	5	18	19	5
2	16	24	2	16	24	2	16	24	3	17	22	3	17	22	3	17	22	9	10	23	9	10	23	9	10	23
7	15	20	7	15	20	7	15	20	8	13	21	8	13	21	8	13	21	1	14	27	1	14	27	1	14	27
6	11	25	6	11	25	6	11	25	4	12	26	4	12	26	4	12	26	5	18	19	5	18	19	5	18	19
24	2	16	24	2	16	24	2	16	22	3	17	22	3	17	22	3	17	23	9	10	23	9	10	23	9	10
20	7	15	20	7	15	20	7	15	21	8	13	21	8	13	21	8	13	27	1	14	27	1	14	27	1	14
25	6	11	25	6	11	25	6	11	26	4	12	26	4	12	26	4	12	19	5	18	19	5	18	19	5	18

图 9-4　基方阵 A

第四步，作基方阵 A 的转置方阵 B. 如图 9-5 所示.

11	15	16	25	20	24	6	7	2	11	15	16	25	20	24	6	7	2	11	15	16	25	20	24	6	7	2
6	7	2	11	15	16	25	20	24	6	7	2	11	15	16	25	20	24	6	7	2	11	15	16	25	20	24
25	20	24	6	7	2	11	15	16	25	20	24	6	7	2	11	15	16	25	20	24	6	7	2	11	15	16
11	15	16	25	20	24	6	7	2	11	15	16	25	20	24	6	7	2	11	15	16	25	20	24	6	7	2
6	7	2	11	15	16	25	20	24	6	7	2	11	15	16	25	20	24	6	7	2	11	15	16	25	20	24
25	20	24	6	7	2	11	15	16	25	20	24	6	7	2	11	15	16	25	20	24	6	7	2	11	15	16
11	15	16	25	20	24	6	7	2	11	15	16	25	20	24	6	7	2	11	15	16	25	20	24	6	7	2
6	7	2	11	15	16	25	20	24	6	7	2	11	15	16	25	20	24	6	7	2	11	15	16	25	20	24
25	20	24	6	7	2	11	15	16	25	20	24	6	7	2	11	15	16	25	20	24	6	7	2	11	15	16
18	14	10	19	27	23	5	1	9	18	14	10	19	27	23	5	1	9	18	14	10	19	27	23	5	1	9
5	1	9	18	14	10	19	27	23	5	1	9	18	14	10	19	27	23	5	1	9	18	14	10	19	27	23
19	27	23	5	1	9	18	14	10	19	27	23	5	1	9	18	14	10	19	27	23	5	1	9	18	14	10
18	14	10	19	27	23	5	1	9	18	14	10	19	27	23	5	1	9	18	14	10	19	27	23	5	1	9
5	1	9	18	14	10	19	27	23	5	1	9	18	14	10	19	27	23	5	1	9	18	14	10	19	27	23
19	27	23	5	1	9	18	14	10	19	27	23	5	1	9	18	14	10	19	27	23	5	1	9	18	14	10
18	14	10	19	27	23	5	1	9	18	14	10	19	27	23	5	1	9	18	14	10	19	27	23	5	1	9
5	1	9	18	14	10	19	27	23	5	1	9	18	14	10	19	27	23	5	1	9	18	14	10	19	27	23
19	27	23	5	1	9	18	14	10	19	27	23	5	1	9	18	14	10	19	27	23	5	1	9	18	14	10
12	13	17	26	21	22	4	8	3	12	13	17	26	21	22	4	8	3	12	13	17	26	21	22	4	8	3
4	8	3	12	13	17	26	21	22	4	8	3	12	13	17	26	21	22	4	8	3	12	13	17	26	21	22
26	21	22	4	8	3	12	13	17	26	21	22	4	8	3	12	13	17	26	21	22	4	8	3	12	13	17
12	13	17	26	21	22	4	8	3	12	13	17	26	21	22	4	8	3	12	13	17	26	21	22	4	8	3
4	8	3	12	13	17	26	21	22	4	8	3	12	13	17	26	21	22	4	8	3	12	13	17	26	21	22
26	21	22	4	8	3	12	13	17	26	21	22	4	8	3	12	13	17	26	21	22	4	8	3	12	13	17
12	13	17	26	21	22	4	8	3	12	13	17	26	21	22	4	8	3	12	13	17	26	21	22	4	8	3
4	8	3	12	13	17	26	21	22	4	8	3	12	13	17	26	21	22	4	8	3	12	13	17	26	21	22
26	21	22	4	8	3	12	13	17	26	21	22	4	8	3	12	13	17	26	21	22	4	8	3	12	13	17

图 9-5 转置方阵 B

第五步，作方阵 *C*.

以 *b*(*i*,*j*) 记转置方阵 *B* 位于第 *i* 行第 *j* 列的元素 (其中 *i*,*j*=1,2,…,27) ,

以 *c*(*i*,*j*) 记方阵 *C* 位于第 *i* 行第 *j* 列的元素 (其中 *i*,*j*=1,2,…,27) .

取 *c*(*i*,*j*)=(*b*(*i*,*j*) － 1)·27(其中 *i*,*j*=1,2,…,27) .

方阵 *C* 如图 9-6 所示 .

270	378	405	648	513	621	135	162	27	270	378	405	648	513	621	135	162	27	270	378	405	648	513	621	135	162	27
135	162	27	270	378	405	648	513	621	135	162	27	270	378	405	648	513	621	135	162	27	270	378	405	648	513	621
648	513	621	135	162	27	270	378	405	648	513	621	135	162	27	270	378	405	648	513	621	135	162	27	270	378	405
270	378	405	648	513	621	135	162	27	270	378	405	648	513	621	135	162	27	270	378	405	648	513	621	135	162	27
135	162	27	270	378	405	648	513	621	135	162	27	270	378	405	648	513	621	135	162	27	270	378	405	648	513	621
648	513	621	135	162	27	270	378	405	648	513	621	135	162	27	270	378	405	648	513	621	135	162	27	270	378	405
270	378	405	648	513	621	135	162	27	270	378	405	648	513	621	135	162	27	270	378	405	648	513	621	135	162	27
135	162	27	270	378	405	648	513	621	135	162	27	270	378	405	648	513	621	135	162	27	270	378	405	648	513	621
648	513	621	135	162	27	270	378	405	648	513	621	135	162	27	270	378	405	648	513	621	135	162	27	270	378	405
648	513	621	135	162	27	270	378	405	459	351	243	486	702	594	108	0	216	459	351	243	486	702	594	108	0	216
270	378	405	648	513	621	135	162	27	108	0	216	459	351	243	486	702	594	108	0	216	459	351	243	486	702	594
135	162	27	270	378	405	648	513	621	486	702	594	108	0	216	459	351	243	486	702	594	108	0	216	459	351	243
648	513	621	135	162	27	270	378	405	459	351	243	486	702	594	108	0	216	459	351	243	486	702	594	108	0	216
270	378	405	648	513	621	135	162	27	108	0	216	459	351	243	486	702	594	108	0	216	459	351	243	486	702	594
135	162	27	270	378	405	648	513	621	486	702	594	108	0	216	459	351	243	486	702	594	108	0	216	459	351	243
648	513	621	135	162	27	270	378	405	459	351	243	486	702	594	108	0	216	459	351	243	486	702	594	108	0	216
270	378	405	648	513	621	135	162	27	108	0	216	459	351	243	486	702	594	108	0	216	459	351	243	486	702	594
135	162	27	270	378	405	648	513	621	486	702	594	108	0	216	459	351	243	486	702	594	108	0	216	459	351	243
675	540	567	81	189	54	297	324	432	486	702	594	108	0	216	459	351	243	486	702	594	108	0	216	459	351	243
81	189	54	297	324	432	675	540	567	702	594	108	0	216	459	351	243	486	702	594	108	0	216	459	351	243	486
297	324	432	675	540	567	81	189	54	594	108	0	216	459	351	243	486	702	594	108	0	216	459	351	243	486	702
324	432	675	540	567	81	189	54	297	108	0	216	459	351	243	486	702	594	108	0	216	459	351	243	486	702	594
432	675	540	567	81	189	54	297	324	0	216	459	351	243	486	702	594	108	0	216	459	351	243	486	702	594	108
675	540	567	81	189	54	297	324	432	216	459	351	243	486	702	594	108	0	216	459	351	243	486	702	594	108	0
81	189	54	297	324	432	675	540	567	459	351	243	486	702	594	108	0	216	459	351	243	486	702	594	108	0	216
297	324	432	675	540	567	81	189	54	351	243	486	702	594	108	0	216	459	351	243	486	702	594	108	0	216	459
324	432	567	54	297	675	540	567	81	243	486	702	594	108	0	216	459	351	243	486	702	594	108	0	216	459	351

图 9-6　方阵 *C*

第六步，基方阵 A 与方阵 C 对应元素相加所得方阵 D, 就是一个 $n=3^3=27$ 阶完美幻方, 如图 9-7 所示.

287	400	408	665	535	624	152	184	30	280	401	414	658	536	630	145	185	36	286	402	407	664	537	623	151	186	29
148	183	35	283	399	413	661	534	629	149	189	28	284	405	406	662	540	622	150	182	34	285	398	412	663	533	628
660	539	625	147	188	31	282	404	409	666	532	626	153	181	32	288	397	410	659	538	627	146	187	33	281	403	411
273	395	427	651	530	643	138	179	17	279	388	428	657	523	644	144	172	50	272	392	429	650	137	176	54	277	408
143	175	48	278	391	426	656	526	615	136	176	49	271	364	432	649	527	645	142	177	47	276	391	425	655	528	641
652	525	647	139	174	53	274	390	468	293	378	45	289	383	603	496	252	469	271	379	46	431	166	22	390	447	66
292	381	422	670	516	638	157	165	111	125	27	500	477	370	221	477	118	23	225	126	19	221	252	469	496	154	167
156	170	40	291	386	418	669	521	494	499	217	471	616	264	266	611	256	239	570	461	236	466	110	239	584	445	614
674	517	633	161	166	39	296	382	460	723	473	598	719	494	495	710	507	261	98	206	367	683	461	16	103	696	240
476	373	246	503	724	597	125	22	721	602	378	120	379	715	712	705	671	228	379	294	15	553	497	376	543	332	249
121	21	224	472	372	251	499	723	377	219	247	26	111	363	617	611	294	485	211	380	236	475	123	24	655	105	601
498	728	598	120	26	220	471	377	378	469	27	220	616	3	10	130	672	228	524	561	488	502	726	722	584	195	443
462	368	265	489	719	616	111	17	19	22	217	471	46	715	365	256	515	355	632	290	267	295	24	16	276	547	328
116	13	237	467	364	264	494	715	221	723	244	500	45	364	270	3	158	261	646	561	231	668	268	362	655	330	254
490	714	620	112	12	242	463	363	477	377	500	729	289	270	242	710	171	485	421	206	488	124	614	717	528	447	443
481	354	260	508	705	611	130	3	117	17	289	23	419	487	611	611	37	424	648	553	485	218	24	240	584	582	443
129	8	229	480	359	256	507	710	10	723	383	220	631	716	242	710	635	50	47	561	249	416	268	614	70	445	70
512	706	606	134	4	228	485	355	370	252	23	220	158	10	242	355	155	272	277	206	232	601	110	614	584	457	582
314	346	435	692	562	570	98	211	248	225	595	485	383	621	239	424	169	394	393	380	609	430	187	56	281	587	443
94	210	62	310	345	440	688	561	239	475	123	606	514	239	617	50	294	177	429	524	254	146	187	213	151	335	443
687	566	571	93	215	58	309	206	461	375	20	134	423	115	712	272	380	47	650	389	609	146	555	56	281	555	443
300	341	454	678	557	589	84	553	497	245	223	24	42	236	617	654	524	277	137	164	232	146	191	213	281	191	443
89	202	75	305	337	453	683	298	155	502	474	295	290	466	366	142	160	393	425	178	609	268	547	56	281	547	443
679	552	593	85	201	80	301	82	169	726	371	384	385	718	618	177	168	425	528	389	614	146	70	362	281	70	443
319	327	449	697	543	584	103	203	15	596	250	520	420	110	618	47	38	655	137	24	268	601	582	376	281	582	443
102	197	67	318	332	445	696	81	367	124	501	24	295	376	240	277	295	137	178	384	614	249	70	16	281	70	443
701	544	579	107	193	66	323	328	444	694	545	585	100	194	72	316	329	450	700	546	578	106	195	65	322	330	443

图 9-7　27 阶完美幻方

106

图 9-7 是一个由 1 ~ 729 的自然数组成的 27 阶完美幻方, 其幻方常数为 9855. 每行每列上 27 个数字之和都等于 9855, 对角线或泛对角线上 27 个数字之和亦都等于 9855.

由于构造基本行时, 从 9 个基本组中每次取出三个小组的任意性, 取出三个小组后构造基本行时亦存在任意性, 用上述方法可构造出 $C_9^3 \cdot C_6^3 \cdot (3!)^2 = 60480$ 个不同的 27 阶完美幻方.

注意到各基本行每向右移 3 个位置仍可作为基本行, 所以用上述方法实际上可构造出 $60480 \times 3^3 = 1632960$ 个不同的 27 阶完美幻方. 你能构造出一个属于你自己的 27 阶完美幻方了吗？

9.2　构造 *n*=3*k* 阶完美幻方的六步法[6]

9.2.1　构造 *n*=3*k* (*k* = 3,4,⋯为自然数) 阶完美幻方的六步法

第一步, 把 1 ~ 27 按如下方式分为 9 个基本组, 每组 3 个数, 其和均为 42. 具体如下

$$1,14,27; 2,16,24; 3,17,22;$$

$$4,12,26; 5,18,19; 6,11,25;$$

$$7,15,20; 8,13,21; 9,10,23.$$

当 *n*=3*k* (*k* = 3,4,⋯为自然数) 时, 把 9 个基本组的各个数分别加以 $(t-1) \cdot 27$ 其中 $t=1,2,\cdots,3^{k-3}$ (*k* = 3,4,⋯为自然数) 得共 3^{k-3} 个大组, 每个大组有 9 个小组, 每个小组 3 个数. 第 *t* 个大组, 其每个小组 3 个数和均为 $42+3(t-1) \cdot 27$.

第二步, 构造基本行 1, 基本行 2 和基本行 3.

从每一个大组任取一个小组, 3^{k-3} 个大组共取出 3^{k-3} 个小组 3^{k-2} 个数, 随意置于基本行 1 从左到右的第 $1+3(j-1)$ ($j=1,2,\cdots,3^{k-2}$ 为自然数) 个位置.

从每一个大组剩下的小组中任取一个小组, 3^{k-3} 个大组共取出 3^{k-3} 个小组 3^{k-2} 个数, 随意置于基本行 1 从左到右的第 $2+3(j-1)$ ($j=1,2,\cdots,3^{k-2}$ 为自然数)个位置.

从每一个大组剩下的小组中任取一个小组, 3^{k-3} 个大组共取出 3^{k-3} 个小组 3^{k-2} 个数, 随意置于基本行 1 从左到右的第 $3+3(j-1)=3j$ ($j=1,2,\cdots,3^{k-2}$ 为自然数)

个位置. 至此得基本行 1.

这样继续下去, 以同样的方式得到基本行 2 和基本行 3.

第三步, 构造 $n=3^k$ ($k=3,4,\cdots$ 为自然数) 阶基方阵 A.

从左到右取基本行 1 三次作为基方阵 A 的第一行, 第一行的元素向左顺移 3 个位置得第二行, 第二行的元素向左顺移 3 个位置得第三行, 依此类推直至得出第 3^{k-1} 行.

从左到右取基本行 2 三次作为基方阵 A 的第 $3^{k-1}+1$ 行, 第 $3^{k-1}+1$ 行的元素向左顺移 3 个位置得第 $3^{k-1}+2$ 行, 第 $3^{k-1}+2$ 行的元素向左顺移 3 个位置得第 $3^{k-1}+3$ 行, 依此类推直至得出第 $2\cdot3^{k-1}$ 行.

从左到右取基本行 3 三次作为基方阵 A 的第 $2\cdot3^{k-1}+1$ 行, 第 $2\cdot3^{k-1}+1$ 行的元素向左顺移 3 个位置得第 $2\cdot3^{k-1}+2$ 行, 第 $2\cdot3^{k-1}+2$ 行的元素向左顺移 3 个位置得第 $2\cdot3^{k-1}+3$ 行, 依此类推直至得出第 3^k 行.

第四步, 作基方阵 A 的转置方阵 B.

第五步, 作方阵 C.

以 $b(i,j)$ 记转置方阵 B 位于第 i 行第 j 列的元素 (其中 $i,j=1,2,\cdots,3^k$),

以 $c(i,j)$ 记方阵 C 位于第 i 行第 j 列的元素 (其中 $i,j=1,2,\cdots,3^k$).

取 $c(i,j)=(b(i,j)-1)\cdot3^k$ (其中 $i,j=1,2,\cdots,3^k$).

第六步, 基方阵 A 与方阵 C 对应元素相加所得方阵 D, 就是一个由 $1\sim(3^k)^2$ 的自然数所组成的 $n=3^k$ ($k=3,4,\cdots$ 为自然数) 阶完美幻方.

由于六步法第一步中把 $1\sim(3^k)^2$ 的自然数分为 3^{k-3} 大组, 每个大组有 9 个小组, 每个小组 3 个数. 第二步, 构造基本行 1, 基本行 2 和基本行 3 时从每一个大组任取一个小组, 每个大组有 9 个小组, 所以共有 $(9!)^{3^{k-3}}$ 种选法, 故六步法可得到 $(9!)^{3^{k-3}}$ 个不同的 $n=3^k$ ($k=3,4,\cdots$ 为自然数) 阶正规的完美幻方.

第 10 章　$3n$（$n=2m+1$，m 为 $m \neq 3t+1$，$t=0,1,2,\cdots$的自然数）阶完美幻方

本章讲述构造 $3n$（$n=2m+1$, m 为 $m \neq 3t+1$，$t=0,1,2,\cdots$的自然数）阶完美幻方的五步法. 这个方法可得到 $6 \cdot (n!)^3$ 个不同的 $3n$ 阶完美幻方（包括对称完美幻方）.

10.1　15 阶完美幻方

10.1.1　如何构造一个 15 阶完美幻方？

第一步，把 $1 \sim 15$ 的自然数排成三行 5 列，使每行 5 个数字之和都等于 40，3×5 长方阵如图 10-1 所示.

3	4	9	10	14
1	5	8	11	15
2	6	7	12	13

图 10-1　3×5 长方阵

把各行的 5 个数字随意排序，第一行的 5 个数字从左到右按 9,14,4,10,3 排列，称为基本行 1；第二行的 5 个数字从左到右按 5,15,11,1,8 排列，称为基本行 2；第三行的 5 个数字从左到右按 12,6,13,2,7 排列，称为基本行 3.

第二步，构造 15 阶基方阵 A.

从左到右依次取基本行 1：9,14,4,10,3 共三次作为基方阵 A 的第一行，第一行的元素向左顺移两个位置得第二行，第二行的元素向左顺移两个位置得第三行，依此类推直至得出第 5 行.

从左到右依次取基本行 2: 5,15,11,1,8 共三次作为基方阵 A 的第 6 行，第 6 行的元素向左顺移两个位置得第 7 行，第 7 行的元素向左顺移两个位置得第 8 行，依此类推直至得出第 10 行．

从左到右依次取基本行 3: 12,6,13,2,7 共三次作为基方阵 A 的第 11 行，第 11 行的元素向左顺移两个位置得第 12 行，第 12 行的元素向左顺移两个位置得第 13 行，依此类推直至得出第 15 行．15 阶基方阵 A 如图 10-2 所示．

9	14	4	10	3	9	14	4	10	3	9	14	4	10	3
4	10	3	9	14	4	10	3	9	14	4	10	3	9	14
3	9	14	4	10	3	9	14	4	10	3	9	14	4	10
14	4	10	3	9	14	4	10	3	9	14	4	10	3	9
10	3	9	14	4	10	3	9	14	4	10	3	9	14	4
5	15	11	1	8	5	15	11	1	8	5	15	11	1	8
11	1	8	5	15	11	1	8	5	15	11	1	8	5	15
8	5	15	11	1	8	5	15	11	1	8	5	15	11	1
15	11	1	8	5	15	11	1	8	5	15	11	1	8	5
1	8	5	15	11	1	8	5	15	11	1	8	5	15	11
12	6	13	2	7	12	6	13	2	7	12	6	13	2	7
13	2	7	12	6	13	2	7	12	6	13	2	7	12	6
7	12	6	13	2	7	12	6	13	2	7	12	6	13	2
6	13	2	7	12	6	13	2	7	12	6	13	2	7	12
2	7	12	6	13	2	7	12	6	13	2	7	12	6	13

图 10-2　15 阶基方阵 A

第三步，作基方阵 A 的转置方阵 B．转置方阵 B 如图 10-3 所示．

9	4	3	14	10	5	11	8	15	1	12	13	7	6	2
14	10	9	4	3	15	1	5	11	8	6	2	12	13	7
4	3	14	10	9	11	8	15	1	5	13	7	6	2	12
10	9	4	3	14	1	5	11	8	15	2	12	13	7	6
3	14	10	9	4	8	15	1	5	11	7	6	2	12	13
9	4	3	14	10	5	11	8	15	1	12	13	7	6	2
14	10	9	4	3	15	1	5	11	8	6	2	12	13	7
4	3	14	10	9	11	8	15	1	5	13	7	6	2	12
10	9	4	3	14	1	5	11	8	15	2	12	13	7	6
3	14	10	9	4	8	15	1	5	11	7	6	2	12	13
9	4	3	14	10	5	11	8	15	1	12	13	7	6	2
14	10	9	4	3	15	1	5	11	8	6	2	12	13	7
4	3	14	10	9	11	8	15	1	5	13	7	6	2	12
10	9	4	3	14	1	5	11	8	15	2	12	13	7	6
3	14	10	9	4	8	15	1	5	11	7	6	2	12	13

图 10-3 转置方阵 B

第四步，作方阵 C.

以 $b(i,j)$ 记转置方阵 B 位于第 i 行第 j 列的元素（其中 $i,j=1,2,\cdots,15$），

以 $c(i,j)$ 记方阵 C 位于第 i 行第 j 列的元素（其中 $i,j=1,2,\cdots,15$）.

取 $c(i,j)=(b(i,j)-1)\cdot 15$（其中 $i,j=1,2,\cdots,15$）.

方阵 C 如图 10-4 所示.

120	45	30	195	135	60	150	105	210	0	165	180	90	75	15
195	135	120	45	30	210	0	60	150	105	75	15	165	180	90
45	30	195	135	120	150	105	210	0	60	180	90	75	15	165
135	120	45	30	195	0	60	150	105	210	15	165	180	90	75
30	195	135	120	45	105	210	0	60	150	90	75	15	165	180
120	45	30	195	135	60	150	105	210	0	165	180	90	75	15
195	135	120	45	30	210	0	60	150	105	75	15	165	180	90
45	30	195	135	120	150	105	210	0	60	180	90	75	15	165
135	120	45	30	195	0	60	150	105	210	15	165	180	90	75
30	195	135	120	45	105	210	0	60	150	90	75	15	165	180
120	45	30	195	135	60	150	105	210	0	165	180	90	75	15
195	135	120	45	30	210	0	60	150	105	75	15	165	180	90
45	30	195	135	120	150	105	210	0	60	180	90	75	15	165
135	120	45	30	195	0	60	150	105	210	15	165	180	90	75
30	195	135	120	45	105	210	0	60	150	90	75	15	165	180

图 10-4 方阵 C

第五步，基方阵 A 与方阵 C 对应元素相加所得方阵 D，就是一个 15 阶完美幻方，如图 10-5 所示.

129	59	34	205	138	69	164	109	220	3	174	194	94	85	18
199	145	123	54	44	214	10	63	159	119	79	25	168	189	104
48	39	209	139	130	153	114	224	4	70	183	99	89	19	175
149	124	55	33	204	14	64	160	108	219	29	169	190	93	84
40	198	144	134	49	115	213	5	74	154	100	78	24	179	184
125	60	41	196	143	65	165	116	211	8	170	195	101	76	23
206	136	128	50	45	221	1	68	155	120	86	16	173	185	105
53	35	210	146	121	158	110	225	11	61	188	95	90	26	166
150	131	46	38	200	15	71	151	113	215	30	176	181	98	80
31	203	140	135	56	106	218	5	75	161	91	83	20	180	191
132	51	43	197	142	72	156	118	212	7	177	186	103	77	22
208	137	127	57	36	223	2	67	162	111	88	17	172	192	96
52	42	201	148	122	157	117	216	13	62	187	102	81	28	167
141	133	47	37	207	6	73	152	112	222	21	178	182	97	87
32	202	147	126	58	107	217	12	66	163	92	82	27	171	193

图 10-5　15 阶完美幻方 D

图 10-5 是一个由 1～225 的自然数组成的 15 阶完美幻方，其幻方常数为 1695. 每行每列上 15 个数字之和都等于 1695，对角线或泛对角线上 15 个数字之和亦都等于 1695.

由于构造基本行 1，基本行 2 和基本行 3 都各有 5!＝120 种选择，基本行有 3!＝6 种选择，故五步法可得到 $(5!)^3 \cdot 6 = 10368000$ 个不同的 15 阶正规的完美幻方.

当基本行的选取使基方阵 A 为一个对称方阵时，五步法得到的就是一个 15 阶正规的对称完美幻方.

10.2　21 阶对称完美幻方

10.2.1　如何构造 21 阶对称完美幻方？

第一步，把 1～21 的自然数排成三行 7 列，使每行 7 个数字之和都等于 77，3×7 长方阵如图 10-6 所示.

3	4	9	10	15	16	20
1	5	8	11	14	17	21
2	6	7	12	13	18	19

图 10-6　3×7 长方阵

把各行的 7 个数字随意排序，比如第一行的 7 个数字从左到右按 4,3,10, 20,16,15, 9 排列，称为基本行 1；第二行的 7 个数字从左到右按 5,1,11,21,17,14, 8 排列，称为基本行 2；第三行的 7 个数字从左到右按 6,2,12,19,18, 13, 7 排列，称为基本行 3. 若排成一个 3×7 长方阵如图 10-7 所示.

4	3	10	20	16	15	9
5	1	11	21	17	14	8
6	2	12	19	18	13	7

图 10-7　由基本行组成的 3×7 长方阵

第二步，构造 21 阶对称的基方阵 A.

从左到右依次取基本行 1: 4,3,10,20,16,15, 9 共三次作为基方阵 A 的第一行，第一行的元素向左顺移两个位置得第二行，第二行的元素向左顺移两个位置得第三行，依此类推直至得出第 7 行.

从左到右依次取基本行 2: 5,1,11,21,17,14,8 共三次作为基方阵 A 的第 8 行，第 8 行的元素向左顺移两个位置得第 9 行，第 9 行的元素向左顺移两个位置得第 10 行，依此类推直至得出第 14 行.

从左到右依次取基本行 3: 6,2,12,19,18,13,7 共三次作为基方阵 A 的第 15 行，第 15 行的元素向左顺移两个位置得第 16 行，第 16 行的元素向左顺移两个位置得第 17 行，依此类推直至得出第 21 行.

21 阶对称的基方阵 A 如图 10-8 所示.

4	3	10	20	16	15	9	4	3	10	20	16	15	9	4	3	10	20	16	15	9
10	20	16	15	9	4	3	10	20	16	15	9	4	3	10	20	16	15	9	4	3
16	15	9	4	3	10	20	16	15	9	4	3	10	20	16	15	9	4	3	10	20
9	4	3	10	20	16	15	9	4	3	10	20	16	15	9	4	3	10	20	16	15
3	10	20	16	15	9	4	3	10	20	16	15	9	4	3	10	20	16	15	9	4
20	16	15	9	4	3	10	20	16	15	9	4	3	10	20	16	15	9	4	3	10
15	9	4	3	10	20	16	15	9	4	3	10	20	16	15	9	4	3	10	20	16
5	1	11	21	17	14	8	5	1	11	21	17	14	8	5	1	11	21	17	14	8
11	21	17	14	8	5	1	11	21	17	14	8	5	1	11	21	17	14	8	5	1
17	14	8	5	1	11	21	17	14	8	5	1	11	21	17	14	8	5	1	11	21
8	5	1	11	21	17	14	8	5	1	11	21	17	14	8	5	1	11	21	17	14
1	11	21	17	14	8	5	1	11	21	17	14	8	5	1	11	21	17	14	8	5
21	17	14	8	5	1	11	21	17	14	8	5	1	11	21	17	14	8	5	1	11
14	8	5	1	11	21	17	14	8	5	1	11	21	17	14	8	5	1	11	21	17
6	2	12	19	18	13	7	6	2	12	19	18	13	7	6	2	12	19	18	13	7
12	19	18	13	7	6	2	12	19	18	13	7	6	2	12	19	18	13	7	6	2
18	13	7	6	2	12	19	18	13	7	6	2	12	19	18	13	7	6	2	12	19
7	6	2	12	19	18	13	7	6	2	12	19	18	13	7	6	2	12	19	18	13
2	12	19	18	13	7	6	2	12	19	18	13	7	6	2	12	19	18	13	7	6
19	18	13	7	6	2	12	19	18	13	7	6	2	12	19	18	13	7	6	2	12
13	7	6	2	12	19	18	13	7	6	2	12	19	18	13	7	6	2	12	19	18

图 10-8 对称的基方阵 A

第三步, 做对称的基方阵 A 的转置方阵 B. 对称的转置方阵 B 如图 10-9 所示.

4	10	16	9	3	20	15	5	11	17	8	1	21	14	6	12	18	7	2	19	13
3	20	15	4	10	16	9	1	21	14	5	11	17	8	2	19	13	6	12	18	7
10	16	9	3	20	15	4	11	17	8	1	21	14	5	12	18	7	2	19	13	6
20	15	4	10	16	9	3	21	14	5	11	17	8	1	19	13	6	12	18	7	2
16	9	3	20	15	4	10	17	8	1	21	14	5	11	18	7	2	19	13	6	12
15	4	10	16	9	3	20	14	5	11	17	8	1	21	13	6	12	18	7	2	19
9	3	20	15	4	10	16	8	1	21	14	5	11	17	7	2	19	13	6	12	18
4	10	16	9	3	20	15	5	11	17	8	1	21	14	6	12	18	7	2	19	13
3	20	15	4	10	16	9	1	21	14	5	11	17	8	2	19	13	6	12	18	7
10	16	9	3	20	15	4	11	17	8	1	21	14	5	12	18	7	2	19	13	6
20	15	4	10	16	9	3	21	14	5	11	17	8	1	19	13	6	12	18	7	2
16	9	3	20	15	4	10	17	8	1	21	14	5	11	18	7	2	19	13	6	12
15	4	10	16	9	3	20	14	5	11	17	8	1	21	13	6	12	18	7	2	19
9	3	20	15	4	10	16	8	1	21	14	5	11	17	7	2	19	13	6	12	18
4	10	16	9	3	20	15	5	11	17	8	1	21	14	6	12	18	7	2	19	13
3	20	15	4	10	16	9	1	21	14	5	11	17	8	2	19	13	6	12	18	7
10	16	9	3	20	15	4	11	17	8	1	21	14	5	12	18	7	2	19	13	6
20	15	4	10	16	9	3	21	14	5	11	17	8	1	19	13	6	12	18	7	2
16	9	3	20	15	4	10	17	8	1	21	14	5	11	18	7	2	19	13	6	12
15	4	10	16	9	3	20	14	5	11	17	8	1	21	13	6	12	18	7	2	19
9	3	20	15	4	10	16	8	1	21	14	5	11	17	7	2	19	13	6	12	18

图 10-9　对称的转置方阵 B

第四步, 做对称的方阵 C.

以 $b(i,j)$ 记转置方阵 B 位于第 i 行第 j 列的元素 (其中 i,j=1,2,···,21),

以 $c(i,j)$ 记方阵 C 位于第 i 行第 j 列的元素 (其中 i,j=1,2,···,21).

取 $c(i,j)$=$(b(i,j) - 1)\cdot 21$(其中 i,j=1,2,···,21).

对称的方阵 C 如图 10-10 所示.

63	189	315	168	42	399	294	84	210	336	147	0	420	273	105	231	357	126	21	378	252
42	399	294	63	189	315	168	0	420	273	84	210	336	147	21	378	252	105	231	357	126
189	315	168	42	399	294	63	210	336	147	0	420	273	84	231	357	126	21	378	252	105
399	294	63	189	315	168	42	420	273	84	210	336	147	0	378	252	105	231	357	126	21
315	168	42	399	294	63	189	336	147	0	420	273	84	210	357	126	21	378	252	105	231
294	63	189	315	168	42	399	273	84	210	336	147	0	420	252	105	231	357	126	21	378
168	42	399	294	63	189	315	147	0	420	273	84	210	336	126	21	378	252	105	231	357
63	189	315	168	42	399	294	84	210	336	147	0	420	273	105	231	357	126	21	378	252
42	399	294	63	189	315	168	0	420	273	84	210	336	147	21	378	252	105	231	357	126
189	315	168	42	399	294	63	210	336	147	0	420	273	84	231	357	126	21	378	252	105
399	294	63	189	315	168	42	420	273	84	210	336	147	0	378	252	105	231	357	126	21
315	168	42	399	294	63	189	336	147	0	420	273	84	210	357	126	21	378	252	105	231
294	63	189	315	168	42	399	273	84	210	336	147	0	420	252	105	231	357	126	21	378
168	42	399	294	63	189	315	147	0	420	273	84	210	336	126	21	378	252	105	231	357
63	189	315	168	42	399	294	84	210	336	147	0	420	273	105	231	357	126	21	378	252
42	399	294	63	189	315	168	0	420	273	84	210	336	147	21	378	252	105	231	357	126
189	315	168	42	399	294	63	210	336	147	0	420	273	84	231	357	126	21	378	252	105
399	294	63	189	315	168	42	420	273	84	210	336	147	0	378	252	105	231	357	126	21
315	168	42	399	294	63	189	336	147	0	420	273	84	210	357	126	21	378	252	105	231
294	63	189	315	168	42	399	273	84	210	336	147	0	420	252	105	231	357	126	21	378
168	42	399	294	63	189	315	147	0	420	273	84	210	336	126	21	378	252	105	231	357

图 10-10 对称的方阵 C

第五步，对称的基方阵 A 与对称的方阵 C 对应元素相加所得的对称方阵 D, 就是一个 21 阶对称完美幻方如图 10-11 所示.

67	192	325	188	58	414	303	88	213	346	167	16	435	282	109	234	367	146	37	393	261
52	419	310	78	198	319	171	10	440	289	99	219	340	150	31	398	268	120	240	361	129
205	330	177	46	402	304	83	226	351	156	4	423	283	104	247	372	135	25	381	262	125
408	298	66	199	335	184	57	429	277	87	220	356	163	15	387	256	108	241	377	142	36
318	178	62	415	309	72	193	339	157	20	436	288	93	214	360	136	41	394	267	114	235
314	79	204	324	172	45	409	293	100	225	345	151	3	430	272	121	246	366	130	24	388
183	51	403	297	73	209	331	162	9	424	276	94	230	352	141	30	382	255	115	251	373
68	190	326	189	59	413	302	89	211	347	168	17	434	281	110	232	368	147	38	392	260
53	420	311	77	197	320	169	11	441	290	98	218	341	148	32	399	269	119	239	362	127
206	329	176	47	400	305	84	227	350	155	5	421	284	105	248	371	134	26	379	263	126
407	299	64	200	336	185	56	428	278	85	221	357	164	14	386	257	106	242	378	143	35
316	179	63	416	308	71	194	337	158	21	437	287	92	215	358	137	42	395	266	113	236
315	80	203	323	173	43	410	294	101	224	344	152	1	431	273	122	245	365	131	22	389
182	50	404	295	74	210	332	161	8	425	274	95	231	353	140	29	383	253	116	252	374
69	191	327	187	60	412	301	90	212	348	166	18	433	280	111	233	369	145	39	391	259
54	418	312	76	196	321	170	12	439	291	97	217	342	149	33	397	270	118	238	363	128
207	328	175	48	401	306	82	228	349	154	6	422	285	103	249	370	133	27	380	264	124
406	300	65	201	334	186	55	427	279	86	222	355	165	13	385	258	107	243	376	144	34
317	180	61	417	307	70	195	338	159	19	438	286	91	216	359	138	40	396	265	112	237
313	81	202	322	174	44	411	292	102	223	343	153	2	432	271	123	244	364	132	23	390
181	49	405	296	75	208	333	160	7	426	275	96	229	354	139	28	384	254	117	250	375

图 10-11　21 阶对称完美幻方

图 10-11 是一个由 1 ~ 441 的自然数组成的 21 阶对称完美幻方，其幻方常数为 4641. 每行每列上 21 个数字之和都等于 4641，对角线或泛对角线上 21 个数字之和亦都等于 4641. 中心对称位置上两个数字之和都等于 442.

有兴趣的读者可把图 10-7 由基本行组成的 3×7 长方阵各行都向右顺移一个位置得一个新的 3×7 数字长方阵，观察其有什么特点，你将会从中领会到如何选定基本行才可使基方阵 A 成为一个对称方阵，进而通过五步法得到一个属于你自己的 21 阶正规的对称完美幻方.

10.3 构造 $3n$ 阶完美（或对称完美）幻方的五步法[7]

10.3.1 如何构造 $3n$（$n=2m+1$，m 为 $m \neq 3t+1$，$t=0,1,2,\cdots$ 的自然数）阶完美幻方？

第一步，把 $1 \sim 3n$（其中 $n=2m+1$，m 为 $m \neq 3t+1$，$t=0,1,2,\cdots$ 的自然数）的自然数排成三行 n 列，使每行 n 个数字之和都等于 $\frac{n}{2}(3n+1)$，以 $\hat{a}(i,j)$ 记其位于第 i 行第 j 列的元素，取

$\hat{a}(1,1)=3$，$\hat{a}(2,1)=1$，$\hat{a}(3,1)=2$，$\hat{a}(i,2t)=(2t-1)\cdot 3+i$（$i=1,2,3$；$t=1,2,\cdots,m$），

$\hat{a}(i,2t+1)=(2t+1)\cdot 3+1-i$（$i=1,2,3$，$t=1,2,\cdots,m-1$），

$\hat{a}(3,2m+1)=(2m)\cdot 3+1$，$\hat{a}(1,2m+1)=(2m)\cdot 3+2$，$\hat{a}(2,2m+1)=(2m)\cdot 3+3$．

把各行的 n 个数字随意排列，第一行的 n 个数字从左到右依次记作 $a_1,a_2,\cdots,a_n$；第二行的 n 个数字从左到右依次记作 $b_1,b_2,\cdots,b_n$；第三行的 n 个数字从左到右依次记作 $c_1,c_2,\cdots,c_n$．

第二步，用上述 $a_1,a_2,\cdots,a_n$；$c_1,c_2,\cdots,c_n$；$c_1,c_2,\cdots,c_n$ 构造 $3n$（其中 $n=2m+1$，m 为 $m \neq 3t+1$，$t=0,1,2,\cdots$ 的自然数）阶基方阵 A．

从左到右依次取 $a_1,a_2,\cdots,a_n$ 共三次作为基方阵 A 的第一行，第一行的元素向左顺移两个位置得第二行，第二行的元素向左顺移两个位置得第三行，依此类推直至得出第 n 行．

从左到右依次取 $b_1,b_2,\cdots,b_n$ 共三次作为基方阵 A 的第 $n+1$ 行，第 $n+1$ 行的元素向左顺移两个位置得第 $n+2$ 行，第 $n+2$ 行的元素向左顺移两个位置得第 $n+3$ 行，依此类推直至得出第 $2n$ 行．

从左到右依次取 $c_1,c_2,\cdots,c_n$ 共三次作为基方阵 A 的第 $2n+1$ 行，第 $2n+1$ 行的元素向左顺移两个位置得第 $2n+2$ 行，第 $2n+2$ 行的元素向左顺移两个位置得第 $2n+3$ 行，依此类推直至得出第 $3n$ 行．

第三步，作基方阵 A 的转置方阵 B．

第四步，作方阵 C．

以 $b(i,j)$（$i=1,2,\cdots,3n$，$j=1,2,\cdots,3n$）记转置方阵 B 位于第 i 行第 j 列的元素，

以 $c(i,j)$（$i=1,2,\cdots,3n$，$j=1,2,\cdots,3n$）记方阵 C 位于第 i 行第 j 列的元素，取

$c(i,j) = \big(b(i,j)-1\big)\cdot(3n)$（$i=1,2,\cdots,3n$，$j=1,2,\cdots,3n$）.

第五步，构造 $3n$（$n=2m+1$, m 为 $m \neq 3t+1$　$t=0,1,2,\cdots$的自然数）阶完美幻方 D.

基方阵 A 与方阵 C 对应元素相加所得方阵 D 就是所要构造的一个 $3n$（$n=2m+1$, m 为 $m \neq 3t+1$, $t=0,1,2,\cdots$的自然数）阶完美幻方.

由于 $a_1, a_2, \cdots, a_n$; $b_1, b_2, \cdots, b_n$; $c_1, c_2, \cdots, c_n$ 都各有 $n!$ 种选法，基本行有 $3!=6$ 种选择，故五步法可得到 $6\cdot(n!)^3$ 个不同的 $3n$（$n=2m+1$, m 为 $m \neq 3t+1$, $t=0,1,2,\cdots$的自然数）阶正规的完美幻方.

当 $a_1, a_2, \cdots, a_n$; $b_1, b_2, \cdots, b_n$; $c_1, c_2, \cdots, c_n$ 的选取使方阵 A 为一个对称方阵时，五步法得到的是一个 $3n$（$n=2m+1$　m 为 $m \neq 3t+1$, $t=0,1,2,\cdots$的自然数）阶正规的对称完美幻方.

第 11 章　由奇数阶幻方构造单偶数阶幻方的四步法

所谓单偶数, 指的是形如 $n=2(2m+1)$ 的偶数, 其中 m 为自然数. 即能被 2 除尽而不能被 4 除尽的偶数. 双偶数自然就是能被 4 除尽的偶数. 单偶数阶幻方的构造比双偶数阶幻方, 奇数阶幻方的构造更加困难, 两步法是构造奇数阶幻方的利器, 能否由 $n=2m+1$ 阶幻方产生 $n=2(2m+1)$ 阶幻方, 其中 m 为自然数. 能, 有现成的斯特雷奇 (Ralph Strachey) 法和 *LUX* 法[4], 但不易为一般读者所掌握, 本章所讲述的四步法 (不包括构造奇数阶幻方时的那两步), 可给读者提供另一种选择, 三种方法对同一个 $n=2m+1$ 阶幻方而言所产生的 $n=2(2m+1)$ 阶幻方是完全不同的.

11.1　10 阶幻方

第一步, 一个由代码 0,1,2,3 组成的幻方常数为 3×5=15 的 10 阶幻方, 如图 11-1 所示.

1	2	1	2	1	2	1	2	1	2
0	3	3	0	3	0	3	0	3	0
1	2	1	2	1	2	1	2	1	2
3	0	0	3	3	0	3	0	3	0
1	2	1	2	1	2	1	2	1	2
3	0	3	0	0	3	0	3	0	3
1	2	1	2	1	2	1	2	1	2
3	0	0	3	3	0	3	0	0	3
2	1	2	1	2	1	2	1	2	1
0	3	3	0	0	3	0	3	3	0

图 11-1　10 阶代码幻方

第二步, 依次以 $0, 5^2=25, 2 \cdot 25=50, 3 \cdot 25=75$ 取代代码 $0,1,2,3$ 得到一个幻方常数为 375 的 10 阶幻方, 我们称为根式幻方, 如图 11-2 所示.

25	50	25	50	25	50	25	50	25	50
0	75	75	0	75	0	75	0	75	0
25	50	25	50	25	50	25	50	25	50
75	0	0	75	75	0	0	75	0	75
25	50	25	50	25	50	25	50	25	50
75	0	75	0	0	75	0	75	0	75
25	50	25	50	25	50	25	50	25	50
75	0	0	75	75	0	75	0	0	75
50	25	50	25	50	25	50	25	50	25
0	75	75	0	0	75	0	75	75	0

图 11-2　10 阶根式幻方

图 11-3 是由两步法构造的一个 5 阶幻方.

20	23	2	9	11
22	4	6	15	18
1	10	13	17	24
8	12	19	21	5
14	16	25	3	7

图 11-3　5 阶幻方

第三步, 把上述 5 阶幻方中的每一个数字以一个 2×2 的由同一个数字构成的方阵代替之, 得幻方常数为 $2 \times 65=130$ 的 10 阶幻方, 我们称为增广幻方. 如图 11-4 所示.

20	20	23	23	2	2	9	9	11	11
20	20	23	23	2	2	9	9	11	11
22	22	4	4	6	6	15	15	18	18
22	22	4	4	6	6	15	15	18	18
1	1	10	10	13	13	17	17	24	24
1	1	10	10	13	13	17	17	24	24
8	8	12	12	19	19	21	21	5	5
8	8	12	12	19	19	21	21	5	5
14	14	16	16	25	25	3	3	7	7
14	14	16	16	25	25	3	3	7	7

图 11-4　10 阶增广幻方

第四步，根式幻方与增广幻方迭加得由 $1 \sim 100$ 组成的正规的 10 阶幻方，其幻方常数为 505，如图 11-5 所示.

45	70	48	73	27	52	34	59	36	61
20	95	98	23	77	2	84	9	86	11
47	72	29	54	31	56	40	65	43	68
97	22	4	79	81	6	90	15	93	18
26	51	35	60	38	63	42	67	49	74
76	1	85	10	13	88	17	92	24	99
33	58	37	62	44	69	46	71	30	55
83	8	12	87	94	19	96	21	5	80
64	39	66	41	75	50	53	28	57	32
14	89	91	16	25	100	3	78	82	7

图 11-5　10 阶幻方

图 11-2 可作为固定程式使用，每一个 5 阶幻方可得出一个 10 阶幻方，比如对图 11-6 给出的 5 阶幻方，其增广幻方如图 11-7 所示.

2	18	9	25	11
19	10	21	12	3
6	22	13	4	20
23	14	5	16	7
15	1	17	8	24

图 11-6　5 阶幻方

2	2	18	18	9	9	25	25	11	11
2	2	18	18	9	9	25	25	11	11
19	19	10	10	21	21	12	12	3	3
19	19	10	10	21	21	12	12	3	3
6	6	22	22	13	13	4	4	20	20
6	6	22	22	13	13	4	4	20	20
23	23	14	14	5	5	16	16	7	7
23	23	14	14	5	5	16	16	7	7
15	15	1	1	17	17	8	8	24	24
15	15	1	1	17	17	8	8	24	24

图 11-7　10 阶增广幻方

图 11-2 的根式幻方与图 11-7 的增广幻方迭加得由 1 ～ 100 组成的另一个正规的 10 阶幻方，其幻方常数为 505，如图 11-8 所示．

27	52	43	68	34	59	50	75	36	61
2	77	93	18	84	9	100	25	86	11
44	69	35	60	46	71	37	62	28	53
94	19	10	85	96	21	87	12	78	3
31	56	47	72	38	63	29	54	45	70
81	6	97	22	13	88	4	79	20	95
48	73	39	64	30	55	41	66	32	57
98	23	14	89	80	5	91	16	7	82
65	40	51	26	67	42	58	33	74	49
15	90	76	1	17	92	8	83	99	24

图 11-8　10 阶幻方

由于所取的 5 阶幻方是由两步法所得，所以所得不同的 10 阶幻方的数目与两步法所得 5 阶幻方的数目相同．

11.2　14 阶幻方

第一步，一个由代码 0,1,2,3 组成的幻方常数为 $3 \times 7 = 21$ 的 14 阶幻方，如图 11-9 所示．

1	2	1	2	1	2	1	2	1	2	1	2	1	2
0	3	3	0	3	0	3	0	3	0	3	0	3	0
1	2	1	2	1	2	1	2	1	2	1	2	1	2
3	0	0	3	3	0	3	0	3	0	3	0	3	0
1	2	1	2	1	2	1	2	1	2	1	2	1	2
3	0	3	0	0	3	3	0	3	0	3	0	3	0
1	2	1	2	1	2	1	2	1	2	1	2	1	2
3	0	3	0	3	0	0	3	0	3	0	3	0	3
1	2	1	2	1	2	1	2	1	2	1	2	1	2
3	0	3	0	0	3	3	0	3	0	0	3	0	3
2	1	2	1	2	1	2	1	2	1	2	1	2	1
0	3	0	3	3	0	0	3	0	3	3	0	0	3
2	1	2	1	2	1	2	1	2	1	2	1	2	1
0	3	0	3	0	3	0	3	0	3	0	3	3	0

图 11-9　14 阶代码幻方

第二步，依次以 0, $7^2=49$, $2\cdot49=98$, $3\cdot49=147$ 取代代码 0,1,2,3 得到一个幻方常数为 1029 的 14 阶幻方，我们称为根式幻方，如图 11-10 所示.

49	98	49	98	49	98	49	98	49	98	49	98	49	98
0	147	147	0	147	0	147	0	147	0	147	0	147	0
49	98	49	98	49	98	49	98	49	98	49	98	49	98
147	0	0	147	147	0	147	0	147	0	147	0	147	0
49	98	49	98	49	98	49	98	49	98	49	98	49	98
147	0	147	0	0	147	147	0	147	0	147	0	147	0
49	98	49	98	49	98	49	98	49	98	49	98	49	98
147	0	147	0	147	0	0	147	147	0	147	0	147	147
49	98	49	98	49	98	49	98	49	98	49	98	49	98
147	0	147	0	147	147	0	147	0	0	147	0	147	147
98	49	98	49	98	49	98	49	98	49	98	49	98	49
0	147	0	147	147	0	0	147	0	147	147	0	0	147
98	49	98	49	98	49	98	49	98	49	98	49	98	49
0	147	0	147	0	147	0	147	0	147	0	147	147	0

图 11-10　14 阶根式幻方

图 11-11 是由两步法构造的一个 7 阶幻方.

18	10	40	44	7	34	22
12	37	49	6	29	25	17
42	48	1	32	24	19	9
43	4	31	26	16	14	41
3	33	23	21	13	36	46
30	28	20	8	39	45	5
27	15	11	38	47	2	35

图 11-11　7 阶幻方

第三步，把上述 7 阶幻方中的每一个数字以一个 2×2 的由同一个数字构成的方阵代替之，得幻方常数为 2×175=350 的 14 阶幻方，我们称之增广幻方. 如图 11-12 所示.

18	18	10	10	40	40	44	44	7	7	34	34	22	22
18	18	10	10	40	40	44	44	7	7	34	34	22	22
12	12	37	37	49	49	6	6	29	29	25	25	17	17
12	12	37	37	49	49	6	6	29	29	25	25	17	17
42	42	48	48	1	1	32	32	24	24	19	19	9	9
42	42	48	48	1	1	32	32	24	24	19	19	9	9
43	43	4	4	31	31	26	26	16	16	14	14	41	41
43	43	4	4	31	31	26	26	16	16	14	14	41	41
3	3	33	33	23	23	21	21	13	13	36	36	46	46
3	3	33	33	23	23	21	21	13	13	36	36	46	46
30	30	28	28	20	20	8	8	39	39	45	45	5	5
30	30	28	28	20	20	8	8	39	39	45	45	5	5
27	27	15	15	11	11	38	38	47	47	2	2	35	35
27	27	15	15	11	11	38	38	47	47	2	2	35	35

图 11-12　14 阶增广幻方

第四步,根式幻方与增广幻方迭加得由 1 ~ 196 组成的正规的 14 阶幻方,其幻方常数为 1379,如图 11-13 所示.

67	116	59	108	89	138	93	142	56	105	83	132	71	120
18	165	157	10	187	40	191	44	154	7	181	34	169	22
61	110	86	135	98	147	55	104	78	127	74	123	66	115
159	12	37	184	196	49	153	6	176	29	172	25	164	17
91	140	97	146	50	99	81	130	73	122	68	117	58	107
189	42	195	48	1	148	179	32	171	24	166	19	156	9
92	141	53	102	80	129	75	124	65	114	63	112	90	139
190	43	151	4	178	31	26	173	16	163	14	161	41	188
52	101	82	131	72	121	70	119	62	111	85	134	95	144
150	3	180	33	23	170	168	21	160	13	36	183	46	193
128	79	126	77	118	69	106	57	137	88	143	94	103	54
30	177	28	175	167	20	8	155	39	186	192	45	5	152
125	76	113	64	109	60	136	87	145	96	100	51	133	84
27	174	15	162	11	158	38	185	47	194	2	149	182	35

图 11-13　14 阶幻方

图 11-10 可作为固定程式使用,每一个 7 阶幻方可得出一个 14 阶幻方,由于所取的 7 阶幻方是由两步法所得,所以所得的不同 14 阶幻方的数目与两步法所得 7 阶幻方的数目相同.

11.3 18阶幻方

第一步,一个由代码 0,1,2,3 组成的幻方常数为 3×9=27 的 18 阶幻方,如图 11-14 所示.

1	2	1	2	1	2	1	2	1	2	1	2	1	2	1	2	1	2
0	3	3	0	3	0	3	0	3	0	3	0	3	0	3	0	3	0
1	2	1	2	1	2	1	2	1	2	1	2	1	2	1	2	1	2
3	0	0	3	3	0	3	0	3	0	3	0	3	0	3	0	3	0
1	2	1	2	1	2	1	2	1	2	1	2	1	2	1	2	1	2
3	0	3	0	0	3	3	0	3	0	3	0	3	0	3	0	3	0
1	2	1	2	1	2	1	2	1	2	1	2	1	2	1	2	1	2
3	0	3	0	3	0	0	3	3	0	3	0	3	0	3	0	3	0
1	2	1	2	1	2	1	2	1	2	1	2	1	2	1	2	1	2
3	0	3	0	3	0	3	0	0	3	0	3	0	3	0	3	0	3
1	2	1	2	1	2	1	2	1	2	1	2	1	2	1	2	1	2
3	0	3	0	3	0	0	3	3	0	3	0	0	3	0	3	0	3
2	1	2	1	2	1	2	1	2	1	2	1	2	1	2	1	2	1
0	3	0	3	0	3	3	0	3	0	3	0	3	0	0	3	0	3
2	1	2	1	2	1	2	1	2	1	2	1	2	1	2	1	2	1
0	3	0	3	0	3	0	3	0	3	0	0	3	0	3	0	0	3
2	1	2	1	2	1	2	1	2	1	2	1	2	1	2	1	2	1
0	3	0	3	0	3	0	3	0	3	0	3	0	3	0	3	3	0

图 11-14　18 阶代码幻方

第二步,依次以 $0, 9^2=81, 2·81=162, 3·81=243$ 取代代码 0,1,2,3 得到一个幻方常数为 2187 的 18 阶幻方,我们称之为根式幻方,如图 11-15 所示.

81	162	81	162	81	162	81	162	81	162	81	162	81	162	81	162	81	162
0	243	243	0	243	0	243	0	243	0	243	0	243	0	243	0	243	0
81	162	81	162	81	162	81	162	81	162	81	162	81	162	81	162	81	162
243	0	0	243	243	0	243	0	243	0	243	0	243	0	243	0	243	0
81	162	81	162	81	162	81	162	81	162	81	162	81	162	81	162	81	162
243	0	243	0	0	243	243	0	243	0	243	0	243	0	243	0	243	0
81	162	81	162	81	162	81	162	81	162	81	162	81	162	81	162	81	162
243	0	243	0	243	0	0	243	243	0	243	0	243	0	243	0	243	0
81	162	81	162	81	162	81	162	81	162	81	162	81	162	81	162	81	162
243	0	243	0	243	0	243	0	0	243	243	0	243	0	243	0	243	243
81	162	81	162	81	162	81	162	81	162	81	162	81	162	81	162	81	162
243	0	243	0	243	0	0	243	243	0	243	0	243	0	243	0	243	243
162	81	162	81	162	81	162	81	162	81	162	81	162	81	162	81	162	81
0	243	0	243	0	243	243	0	0	243	0	243	243	0	0	243	0	243
162	81	162	81	162	81	162	81	162	81	162	81	162	81	162	81	162	81
0	243	0	243	0	243	0	243	0	243	0	243	0	243	243	0	243	243
162	81	162	81	162	81	162	81	162	81	162	81	162	81	162	81	162	81
0	243	0	243	0	243	0	243	0	243	0	243	0	243	0	243	243	0

图 11-15　18 阶根式幻方

图 11-16 是由两步法构造的一个 9 阶幻方.

65	48	76	14	33	61	26	9	37
49	77	15	34	62	27	1	38	66
78	16	35	63	19	2	39	67	50
17	36	55	20	3	40	68	51	79
28	56	21	4	41	69	52	80	18
57	22	5	42	70	53	81	10	29
23	6	43	71	54	73	11	30	58
7	44	72	46	74	12	31	59	24
45	64	47	75	13	32	60	25	8

图 11-16　9 阶幻方

第三步，把上述 9 阶幻方中的每一个数字以一个 2×2 的由同一个数字构成的方阵代替之，得幻方常数为 2×369=738 的 18 阶幻方，我们称增广幻方. 如图 11-17 所示.

65	65	48	48	76	76	14	14	33	33	61	61	26	26	9	9	37	37
65	65	48	48	76	76	14	14	33	33	61	61	26	26	9	9	37	37
49	49	77	77	15	15	34	34	62	62	27	27	1	1	38	38	66	66
49	49	77	77	15	15	34	34	62	62	27	27	1	1	38	38	66	66
78	78	16	16	35	35	63	63	19	19	2	2	39	39	67	67	50	50
78	78	16	16	35	35	63	63	19	19	2	2	39	39	67	67	50	50
17	17	36	36	55	55	20	20	3	3	40	40	68	68	51	51	79	79
17	17	36	36	55	55	20	20	3	3	40	40	68	68	51	51	79	79
28	28	56	56	21	21	4	4	41	41	69	69	52	52	80	80	18	18
28	28	56	56	21	21	4	4	41	41	69	69	52	52	80	80	18	18
57	57	22	22	5	5	42	42	70	70	53	53	81	81	10	10	29	29
57	57	22	22	5	5	42	42	70	70	53	53	81	81	10	10	29	29
23	23	6	6	43	43	71	71	54	54	73	73	11	11	30	30	58	58
23	23	6	6	43	43	71	71	54	54	73	73	11	11	30	30	58	58
7	7	44	44	72	72	46	46	74	74	12	12	31	31	59	59	24	24
7	7	44	44	72	72	46	46	74	74	12	12	31	31	59	59	24	24
45	45	64	64	47	47	75	75	13	13	32	32	60	60	25	25	8	8
45	45	64	64	47	47	75	75	13	13	32	32	60	60	25	25	8	8

图 11-17　18 阶增广幻方

第四步，根式幻方与增广幻方迭加得由 1～324 组成的正规的 18 阶幻方，其幻方常数为 2925，如图 11-18 所示.

146	227	129	210	157	238	95	176	114	195	142	223	107	188	90	171	118	199
65	308	291	48	319	76	257	14	276	33	304	61	269	26	252	9	280	37
130	211	158	239	96	177	115	196	143	224	108	189	82	163	119	200	147	228
292	49	77	320	258	15	277	34	305	62	270	27	244	1	281	38	309	66
159	240	97	178	116	197	144	225	100	181	83	164	120	201	148	229	131	212
321	78	259	16	35	278	306	63	262	19	245	2	282	39	310	67	293	50
98	179	117	198	136	217	101	182	84	165	121	202	149	230	132	213	160	241
260	17	279	36	298	55	20	263	246	3	283	40	311	68	294	51	322	79
109	190	137	218	102	183	85	166	122	203	150	231	133	214	161	242	99	180
271	28	299	56	264	21	247	4	41	284	69	312	52	295	80	323	18	261
138	219	103	184	86	167	123	204	151	232	134	215	162	243	91	172	110	191
300	57	265	22	248	5	42	285	313	70	296	53	81	324	10	253	29	272
185	104	168	87	205	124	233	152	216	135	235	154	173	92	192	111	220	139
23	266	6	249	43	286	314	71	54	297	73	316	254	11	30	273	58	301
169	88	206	125	234	153	208	127	236	155	174	93	193	112	221	140	186	105
7	250	44	287	72	315	46	289	74	317	12	255	31	274	302	59	24	267
207	126	226	145	209	128	237	156	175	94	194	113	222	141	187	106	170	89
45	288	64	307	47	290	75	318	13	256	32	275	60	303	25	268	251	8

图 11-18　18 阶幻方

图 11-15 可作为固定程式使用，每一个 9 阶幻方可得出一个 18 阶幻方，由于所取的 9 阶幻方是由两步法所得，所以所得不同的 18 阶幻方的数目与两步法所得 9 阶幻方的数目相同.

11.4　代码幻方[8]

四步法的关键是 $n=2(2m+1)$ 阶代码幻方的构造，设该幻方位于第 h 行第 k 列的元素为

$a(h,k)h=1,2,\cdots,n; k=1,2,\cdots,n.$ 则

(1)$h=2t+1$　$t=0,1,\cdots,m+1$ 时，对 $1\leqslant k\leqslant 2(2m+1)=4m+2$ 取

$a(h,k)=1$　当 k 为奇数时；

$a(h,k)=2$　当 k 为偶数时.

$\qquad\qquad t=m+2,\cdots,2m$ 时，对 $1\leqslant k\leqslant 2(2m+1)=4m+2$ 取

$a(h,k)=2$　当 k 为奇数时；

$a(h,k)=1$　当 k 为偶数时.

(2)$h=2t$　$t=1,\cdots,m$ 对 $1\leqslant k\leqslant 2(2m+1)$

若 $k\neq h-1$ 和 $k\neq h,$ 取

$a(h,k)=3$　当 k 为奇数时；$a(h,k)=0$　当 k 为偶数时.

若 $k=h-1$，取 $a(h,k)=0$；若 $k=h$，取 $a(h,k)=3.$

(3)$h=2t$　$t=m+1$ 对 $1\leqslant k\leqslant 2m$ 取

$a(h,k)=3$　当 k 为奇数时；$a(h,k)=0$　当 k 为偶数时.

对 $2m+1\leqslant k\leqslant 4m+2$

$a(h,k)=0$　当 k 为奇数时；$a(h,k)=3$　当 k 为偶数时.

(4)$h=2t$　$t=m+2$　对 $1\leqslant k\leqslant 2m-2$ 或 $2m+1\leqslant k\leqslant 2m+4$ 取

$a(h,k)=3$　当 k 为奇数时；$a(h,k)=0$　当 k 为偶数时.

对 $2m-1\leqslant k\leqslant 2m$ 或 $2m+5\leqslant k\leqslant 4m+2$ 取

$a(h,k)=0$　当 k 为奇数时；$a(h,k)=3$　当 k 为偶数时.

(5)$h=2t$　$t=m+3$ 对 $2m-1\leqslant k\leqslant 2m$ 或 $2m+5\leqslant k\leqslant 2m+6$

$a(h,k)=3$　当 k 为奇数时；$a(h,k)=0$　当 k 为偶数时.

对 $1\leqslant k\leqslant 2m-2$ 或 $2m+1\leqslant k\leqslant 2m+4$ 或 $2m+7\leqslant k\leqslant 4m+2$ 取

$a(h,k)=0$　当 k 为奇数时；$a(h,k)=3$　当 k 为偶数时.

(6) $h=2t$　$t=m+4,\cdots,2m+1$ 对 $1 \leqslant k \leqslant 4m+2$

若 $k \neq h-1$ 和 $k \neq h$，取

$a(h,k)=0$　当 k 为奇数时；$a(h,k)=3$　当 k 为偶数时.

若 $k=h-1$，取 $a(h,k)=3$；若 $k=h$，取 $a(h,k)=0$.

注意，当 $m=2$ 时，(6) 是不存在的.

构造单偶数 $n($ $n=2(2m+1)$，$m=2,3,\cdots$ 为自然数) 阶幻方的四步法，其理论证明已经发表在有关刊物上.

第二部分　空间的幻中之幻

在系统掌握各类平面幻方的构造方法之后，接着要探索的自然是能否由平面向空间扩充，存在空间形式的幻方吗？有，就叫作幻立方.

幻立方也叫魔方，是指由 $1 \sim n^3$ 连续的自然数组成的 $n \times n \times n$ 的 3 维幻方，其 n^2 个行，n^2 个列，n^2 个纵列以及四条空间对角线上的 n 个数字之和都相等，这个和称为幻立方常数，这个数字立方阵称为基本幻立方.

奇数阶对称幻方，奇数阶完美幻方和奇数阶对称完美幻方能向 3 维空间扩充吗？能.那就是本部分要讲述的构造奇数阶空间对称幻立方的三步法，构造奇数阶空间完美幻立方的三步法以及构造奇数阶空间对称完美幻立方的三步法；类似于双偶数阶最完美幻方，本部分要讲述构造双偶数阶空间更完美的幻立方的四步法.还讲述构造空间所特有的奇数阶空间对称截面完美的幻立方的三步法.

本部分第 17 章是构造高阶 f 次幻立方的加法，这已进入幻方研究的最前沿.

希望读者有缘漫步于幻中之幻的殿堂，且自得其乐.

第 12 章 奇数阶空间对称的幻立方

12.1 7 阶空间对称幻立方

12.1.1 如何构造一个 7 阶空间对称幻立方？

第一步，根据文 [1] 中构造对称幻方的两步法，构造一个由 $1 \sim 49$ 的自然数组成的 7 阶对称幻方的基方阵 A，按事先选定的顺序安装各列基数随后的 6 个数，得基方阵 A 如图 12-1 所示．

30	3	42	22	12	48	18
31	7	36	26	13	46	16
35	1	40	27	11	44	17
29	5	41	25	9	45	21
33	6	39	23	10	49	15
34	4	37	24	14	43	19
32	2	38	28	8	47	20

图 12-1　基方阵 A

记基方阵 A 位于第 i 行第 j 列的元素为 $a(i,j)$ 其中 $i,j=1,2,\cdots,7$

第二步，构造以 k 轴为法线方向的第 k（$k=1,2,\cdots,7$）个截面的基方阵 B_k，B_k 位于第 i 行、第 j 列的元素为 $b(k,i,j)$．

(1) 构造基方阵 B_1，首先要取定基方阵 B_1 的基数．

取基方阵 A 的第 1 行作为一个 1×7 的长方阵，如图 12-2 所示．

30	3	42	22	12	48	18

图 12-2　1×7 的长方阵

上述长方阵的数减 1 再乘以 7 然后加 1 得由基方阵 B_1 的基数组成的长方阵, 如图 12-3 所示.

204	15	288	148	78	330	120

图 12-3　基数组成的长方阵

把基数组成的长方阵灰色方格中的数移至第 1 列, 其余数字顺移, 基数顺移后所得数字长方阵如图 12-4 所示.

148	78	330	120	204	15	288

图 12-4　基数顺移后所得数字长方阵

把图 12-4 中的基数作为基方阵 B_1 的基数置于基方阵 B_1 的灰色方格中, 按构造基方阵 A 时同样的顺序安装各列基数随后的 6 个数, 得基方阵 B_1 如图 12-5 所示.

149	80	336	120	208	20	291
150	84	330	124	209	18	289
154	78	334	125	207	16	290
148	82	335	123	205	17	294
152	83	333	121	206	21	288
153	81	331	122	210	15	292
151	79	332	126	204	19	293

图 12-5　基方阵 B_1

(2) 构造基方阵 B_2, 首先要取定基方阵 B_2 的基数.

取基方阵 A 的第 2 行作为一个 1×7 的长方阵, 如图 12-6 所示.

31	7	36	26	13	46	16

图 12-6　1×7 的长方阵

上述长方阵的数减 1 再乘以 7 然后加 1 得由基方阵 B_2 的基数组成的长方阵, 如图 12-7 所示.

211	43	246	176	85	316	106

图 12-7　基数组成的长方阵

把基数组成的长方阵灰色方格中的数移至第 1 列, 其余数字顺移, 基数顺移后所得数字长方阵如图 12-8 所示.

246	176	85	316	106	211	43

图 12-8　基数顺移后所得数字长方阵

把图 12-8 中的数作为基方阵 B_2 的基数置于基方阵 B_2 的灰色方格中，按构造基方阵 A 时同样的顺序安装各列基数随后的 6 个数，得基方阵 B_2，如图 12-9 所示．

247	178	91	316	110	216	46
248	182	85	320	111	214	44
252	176	89	321	109	212	45
246	180	90	319	107	213	49
250	181	88	317	108	217	43
251	179	86	318	112	211	47
249	177	87	322	106	215	48

图 12-9　基方阵 B_2

类似地可得到基方阵 $B_3, B_4, \cdots B_7$ 的基数及基方阵 $B_3, B_4, \cdots B_7$

(3) 构造基方阵 B_3．

取定基方阵 B_3 的基数的过程如图 12-10 所示．

35	1	40	27	11	44	17

239	1	274	183	71	302	113

1	274	183	71	302	113	239

图 12-10　取定基方阵 B_3 的基数的过程

基方阵 B_3 如图 12-11 所示．

2	276	189	71	306	118	242
3	280	183	75	307	116	240
7	274	187	76	305	114	241
1	278	188	74	303	115	245
5	279	186	72	304	119	239
6	277	184	73	308	113	243
4	275	185	77	302	117	244

图 12-11　基方阵 B_3

(4) 构造基方阵 B_4．

取定基方阵 B_4 的基数的过程如图 12-12 所示．

29	5	41	25	9	45	21

197	29	281	169	57	309	141

197	29	281	169	57	309	141

图 12-12　取定基方阵 B_4 的基数的过程

基方阵 B_4 如图 12-13 所示.

198	31	287	169	61	314	144
199	35	281	173	62	312	142
203	29	285	174	60	310	143
197	33	286	172	58	311	147
201	34	284	170	59	315	141
202	32	282	171	63	309	145
200	30	283	175	57	313	146

图 12-13　基方阵 B_4

(5) 构造基方阵 B_5.

取定基方阵 B_5 的基数的过程如图 12-14 所示

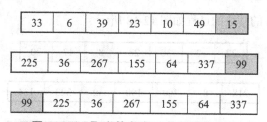

33	6	39	23	10	49	15

225	36	267	155	64	337	99

99	225	36	267	155	64	337

图 12-14　取定基方阵 B_5 的基数的过程

基方阵 B_5 如图 12-15 所示.

100	227	42	267	159	69	340
101	231	36	271	160	67	338
105	225	40	272	158	65	339
99	229	41	270	156	66	343
103	230	39	268	157	70	337
104	228	37	269	161	64	341
102	226	38	273	155	68	342

图 12-15　基方阵 B_5

(6) 构造基方阵 B_6.

取定基方阵 B_6 的基数的过程如图 12-16 所示.

34	4	37	24	14	43	19

232	22	253	162	92	295	127

295	127	232	22	253	162	92

图 12-16　取定基方阵 B_6 的基数的过程

基方阵 B_6 如图 12-17 所示.

296	129	238	22	257	167	95
297	133	232	26	258	165	93
301	127	236	27	256	163	94
295	131	237	25	254	164	98
299	132	235	23	255	168	92
300	130	233	24	259	162	96
298	128	234	28	253	166	97

图 12-17　基方阵 B_6

(7) 构造基方阵 B_7.

取定基方阵 B_7 的基数的过程如图 12-18 所示.

32	2	38	28	8	47	20

218	8	260	190	50	323	134

50	323	134	218	8	260	190

图 12-18　取定基方阵 B_7 的基数的过程

基方阵 B_7 如图 12-19 所示.

51	325	140	218	12	265	193
52	329	134	222	13	263	191
56	323	138	223	11	261	192
50	327	139	221	9	262	196
54	328	137	219	10	266	190
55	326	135	220	14	260	194
53	324	136	224	8	264	195

图 12-19　基方阵 B_7

第三步，第 k（$k=1,2,\cdots,7$）个截面的基方阵 B_k 第 i 行的元素按余函数 $r(t)$ 的规则右移 $r(7+k-i)$（$i=1,2,\cdots,7$）个位置得第 k 个截面的方阵 C_k，按 k 由小到大的顺序，此 k 个截面 C_k 组成的数字立方阵 C 就是一个奇数 7 阶空间对称的幻立方．截面的方阵 $C_1 \sim C_7$ 分别如图 12-20 至图 12-26 所示．

(1)

149	80	336	120	208	20	291
84	330	124	209	18	289	150
334	125	207	16	290	154	78
123	205	17	294	148	82	335
206	21	288	152	83	333	121
15	292	153	81	331	122	210
293	151	79	332	126	204	19

图 12-20　截面方阵 C_1

(2)

46	247	178	91	316	110	216
248	182	85	320	111	214	44
176	89	321	109	212	45	252
90	319	107	213	49	246	180
317	108	217	43	250	181	88
112	211	47	251	179	86	318
215	48	249	177	87	322	106

图 12-21　截面方阵 C_2

(3)

118	242	2	276	189	71	306
240	3	280	183	75	307	116
7	274	187	76	305	114	241
278	188	74	303	115	245	1
186	72	304	119	239	5	279
73	308	113	243	6	277	184
302	117	244	4	275	185	77

图 12-22　截面方阵 C_3

(4)

61	314	144	198	31	287	169
312	142	199	35	281	173	62
143	203	29	285	174	60	310
197	33	286	172	58	311	147
34	284	170	59	315	141	201
282	171	63	309	145	202	32
175	57	313	146	200	30	283

图 12-23　截面方阵 C_4

(5)

267	159	69	340	100	227	42
160	67	338	101	231	36	271
65	339	105	225	40	272	158
343	99	229	41	270	156	66
103	230	39	268	157	70	337
228	37	269	161	64	341	104
38	273	155	68	342	102	226

图 12-24　截面方阵 C_5

(6)

238	22	257	167	95	296	129
26	258	165	93	297	133	232
256	163	94	301	127	236	27
164	98	295	131	237	25	254
92	299	132	235	23	255	168
300	130	233	24	259	162	96
128	234	28	253	166	97	298

图 12-25　截面方阵 C_6

(7)

325	140	218	12	265	193	51
134	222	13	263	191	52	329
223	11	261	192	56	323	138
9	262	196	50	327	139	221
266	190	54	328	137	219	10
194	55	326	135	220	14	260
53	324	136	224	8	264	195

图 12-26　截面方阵 C_7

由上述 k（$k = 1,2,\cdots,7$）个截面 C_k 组成的 7 阶空间对称的幻立方，由 $1 \sim 343$ 的自然数所组成，其 7^2 个行，7^2 个列，7^2 个纵列以及四条空间对角线上的 7 个数字之和都等于 $\frac{7}{2}\left(7^3+1\right)=1204$ 即幻立方常数．空间中心对称位置上的两个数其和都等于 $7^3+1=344$．读者可随机抽验一下，很有意思的．

由文 [1] 中两步法可得出 $2 \cdot 3\left(2^2\left(2!\right)\right)^2 = 384$ 个不同的 7 阶对称幻方，它们来自 384 个不同的 7 阶基方阵，由这些不同的 7 阶基方阵出发就可分别得出同样数目的不同 7 阶空间对称的幻立方．

12.2　9 阶空间对称幻立方

12.2.1　如何构造一个 9 阶空间对称幻立方？

第一步，根据文 [1] 中构造对称幻方的两步法，构造一个由 $1 \sim 81$ 的自然数组成的 9 阶对称幻方的基方阵 A，按自然数的顺序安装各列基数随后的 8 个数，得基方阵 A 如图 12-27 所示．

60	52	8	72	37	11	75	31	23
61	53	9	64	38	12	76	32	24
62	54	1	65	39	13	77	33	25
63	46	2	66	40	14	78	34	26
55	47	3	67	41	15	79	35	27
56	48	4	68	42	16	80	36	19
57	49	5	69	43	17	81	28	20
58	50	6	70	44	18	73	29	21
59	51	7	71	45	10	74	30	22

图 12-27　基方阵 A

记基方阵 A 位于第 i 行第 j 列的元素为 $a(i,j)$ 其中 $i,j = 1,2,\cdots,9$

第二步，构造以 k 轴为法线方向的第 k（$k = 1,2,\cdots,9$）个截面的基方阵 B_k，B_k 位于第 i 行、第 j 列的元素为 $b(k,i,j)$.

（1）构造基方阵 B_1，首先要取定基方阵 B_1 的基数.

取基方阵 A 的第 1 行作为一个 1×9 的长方阵，如图 12-28 所示.

60	52	8	72	37	11	75	31	23

图 12-28 1×9 的长方阵

上述长方阵的数减 1 再乘以 9 然后加 1 得由基方阵 B_1 的基数组成的长方阵，如图 12-29 所示.

532	460	64	640	325	91	667	271	199

图 12-29 基数组成的长方阵

把基数组成的长方阵灰色方格中的数移至第 1 列，其余数字顺移，基数顺移后所得数字长方阵如图 12-30 所示.

325	91	667	271	199	532	460	64	640

图 12-30 基数顺移后所得数字长方阵

把图 12-30 中的数作为基方阵 B_1 的基数置于基方阵 B_1 的灰色方格中，按自然数顺序安装各列基数随后的 8 个数，得基方阵 B_1 如图 12-31 所示.

330	97	674	279	199	533	462	67	644
331	98	675	271	200	534	463	68	645
332	99	667	272	201	535	464	69	646
333	91	668	273	202	536	465	70	647
325	92	669	274	203	537	466	71	648
326	93	670	275	204	538	467	72	640
327	94	671	276	205	539	468	64	641
328	95	672	277	206	540	460	65	642
329	96	673	278	207	532	461	66	643

图 12-31 基方阵 B_1

（2）构造基方阵 B_2，首先要取定基方阵 B_2 的基数.

取基方阵 A 的第 2 行作为一个 1×9 的长方阵如图 12-32 所示.

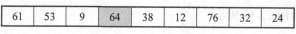

61	53	9	64	38	12	76	32	24

图 12-32 1×9 的长方阵

上述长方阵的数减 1 再乘以 9 然后加 1 得由基方阵 B_2 的基数组成的长方阵，如图 12-33 所示.

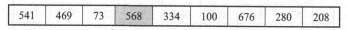

541	469	73	568	334	100	676	280	208

图 12-33 基数组成的长方阵

把基数组成的长方阵灰色方格中的数移至第 1 列，其余数字顺移，基数顺移后所得数字长方阵如图 12-34 所示.

568	334	100	676	280	208	541	469	73

图 12-34 基数顺移后所得数字长方阵

把图 12-34 中的数作为基方阵 B_2 的基数置于基方阵 B_2 的灰色方格中，按自然数顺序安装各列基数随后的 8 个数，得基方阵 B_2 如图 12-35 所示.

573	340	107	684	280	209	543	472	77
574	341	108	676	281	210	544	473	78
575	342	100	677	282	211	545	474	79
576	334	101	678	283	212	546	475	80
568	335	102	679	284	213	547	476	81
569	336	103	680	285	214	548	477	73
570	337	104	681	286	215	549	469	74
571	338	105	682	287	216	541	470	75
572	339	106	683	288	208	542	471	76

图 12-35 基方阵 B_2

类似地可得到基方阵 $B_3, B_4, \cdots B_9$ 的基数及基方阵 $B_3, B_4, \cdots B_9$.

(3) 构造基方阵 B_3.

取定基方阵 B_3 的基数的过程如图 12-36 所示.

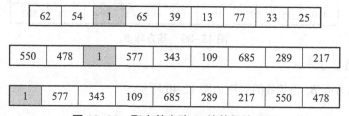

62	54	1	65	39	13	77	33	25

550	478	1	577	343	109	685	289	217

1	577	343	109	685	289	217	550	478

图 12-36 取定基方阵 B_3 的基数的过程

基方阵 B_3 如图 12-37 所示.

6	583	350	117	685	290	219	553	482
7	584	351	109	686	291	220	554	483
8	585	343	110	687	292	221	555	484
9	577	344	111	688	293	222	556	485
1	578	345	112	689	294	223	557	486
2	579	346	113	690	295	224	558	478
3	580	347	114	691	296	225	550	479
4	581	348	115	692	297	217	551	480
5	582	349	116	693	289	218	552	481

图 12-37　基方阵 B_3

(4) 构造基方阵 B_4.

取定基方阵 B_4 的基数的过程如图 12-38 所示.

63	46	2	66	40	14	78	34	26

559	406	10	586	352	118	694	298	226

406	10	586	352	118	694	298	226	559

图 12-38　取定基方阵 B_4 的基数的过程

基方阵 B_4 如图 12-39 所示.

411	16	593	360	118	695	300	229	563
412	17	594	352	119	696	301	230	564
413	18	586	353	120	697	302	231	565
414	10	587	354	121	698	303	232	566
406	11	588	355	122	699	304	233	567
407	12	589	356	123	700	305	234	559
408	13	590	357	124	701	306	226	560
409	14	591	358	125	702	298	227	561
410	15	592	359	126	694	299	228	562

图 12-39　基方阵 B_4

(5) 构造基方阵 B_5.

取定基方阵 B_5 的基数的过程如图 12-40 所示.

55	47	3	67	41	15	79	35	27

487	415	19	595	361	127	703	307	235

487	415	19	595	361	127	703	307	235

图 12-40 取定基方阵 B_5 的基数的过程

基方阵 B_5 如图 12-41 所示.

492	421	26	603	361	128	705	310	239
493	422	27	595	362	129	706	311	240
494	423	19	596	363	130	707	312	241
495	415	20	597	364	131	708	313	242
487	416	21	598	365	132	709	314	243
488	417	22	599	366	133	710	315	235
489	418	23	600	367	134	711	307	236
490	419	24	601	368	135	703	308	237
491	420	25	602	369	127	704	309	238

图 12-41 基方阵 B_5

(6) 构造基方阵 B_6.

取定基方阵 B_6 的基数的过程如图 12-42 所示.

56	48	4	68	42	16	80	36	19

496	424	28	604	370	136	712	316	163

163	496	424	28	604	370	136	712	316

图 12-42 取定基方阵 B_6 的基数的过程

基方阵 B_6 如图 12-43 所示.

168	502	431	36	604	371	138	715	320
169	503	432	28	605	372	139	716	321
170	504	424	29	606	373	140	717	322
171	496	425	30	607	374	141	718	323
163	497	426	31	608	375	142	719	324
164	498	427	32	609	376	143	720	316
165	499	428	33	610	377	144	712	317
166	500	429	34	611	378	136	713	318
167	501	430	35	612	370	137	714	319

图 12-43 基方阵 B_6

(7) 构造基方阵 B_7.

取定基方阵 B_7 的基数的过程如图 12-44 所示.

57	49	5	69	43	17	81	28	20

505	433	37	613	379	145	721	244	172

244	172	505	433	37	613	379	145	721

图 12-44　取定基方阵 B_7 的基数的过程

基方阵 B_7 如图 12-45 所示.

249	178	512	441	37	614	381	148	725
250	179	513	433	38	615	382	149	726
251	180	505	434	39	616	383	150	727
252	172	506	435	40	617	384	151	728
244	173	507	436	41	618	385	152	729
245	174	508	437	42	619	386	153	721
246	175	509	438	43	620	387	145	722
247	176	510	439	44	621	379	146	723
248	177	511	440	45	613	380	147	724

图 12-45　基方阵 B_7

(8) 构造基方阵 B_8.

取定基方阵 B_8 的基数的过程如图 12-46 所示.

58	50	6	70	44	18	73	29	21

514	442	46	622	388	154	649	253	181

649	253	181	514	442	46	622	388	154

图 12-46　取定基方阵 B_8 的基数的过程

基方阵 B_8 如图 12-47 所示.

654	259	188	522	442	47	624	391	158
655	260	189	514	443	48	625	392	159
656	261	181	515	444	49	626	393	160
657	253	182	516	445	50	627	394	161
649	254	183	517	446	51	628	395	162
650	255	184	518	447	52	629	396	154
651	256	185	519	448	53	630	388	155
652	257	186	520	449	54	622	389	156
653	258	187	521	450	46	623	390	157

图 12-47 基方阵 B_8

(9) 构造基方阵 B_9.

取定基方阵 B_9 的基数的过程如图 12-48 所示.

59	51	7	71	45	10	74	30	22

523	451	55	631	397	82	658	262	190

82	658	262	190	523	451	55	631	397

图 12-48 取定基方阵 B_9 的基数的过程

基方阵 B_9 如图 12-49 所示.

87	664	269	198	523	452	57	634	401
88	665	270	190	524	453	58	635	402
89	666	262	191	525	454	59	636	403
90	658	263	192	526	455	60	637	404
82	659	264	193	527	456	61	638	405
83	660	265	194	528	457	62	639	397
84	661	266	195	529	458	63	631	398
85	662	267	196	530	459	55	632	399
86	663	268	197	531	451	56	633	400

图 12-49 基方阵 B_9

第三步, 第 k ($k=1,2,\cdots,9$) 个截面的基方阵 B_k, 第 i 行的元素按余函数 $r(t)$ 的规则右移 $r(9+k-i)$ ($i=1,2,\cdots,9$) 个位置得第 k 个截面的方阵 C_k, 按 k 由小到大的顺序, 此 k 个截面 C_k 组成的数字立方阵 C 就是一个奇数 9 阶空间对称的幻立方. 截

面的方阵 $C_1 \sim C_9$ 分别如图 12-50 至图 12-58 所示.

(1)

330	97	674	279	199	533	462	67	644
98	675	271	200	534	463	68	645	331
667	272	201	535	464	69	646	332	99
273	202	536	465	70	647	333	91	668
203	537	466	71	648	325	92	669	274
538	467	72	640	326	93	670	275	204
468	64	641	327	94	671	276	205	539
65	642	328	95	672	277	206	540	460
643	329	96	673	278	207	532	461	66

图 12-50　截面方阵 C_1

(2)

77	573	340	107	684	280	209	543	472
574	341	108	676	281	210	544	473	78
342	100	677	282	211	545	474	79	575
101	678	283	212	546	475	80	576	334
679	284	213	547	476	81	568	335	102
285	214	548	477	73	569	336	103	680
215	549	469	74	570	337	104	681	286
541	470	75	571	338	105	682	287	216
471	76	572	339	106	683	288	208	542

图 12-51　截面方阵 C_2

(3)

553	482	6	583	350	117	685	290	219
483	7	584	351	109	686	291	220	554
8	585	343	110	687	292	221	555	484
577	344	111	688	293	222	556	485	9
345	112	689	294	223	557	486	1	578
113	690	295	224	558	478	2	579	346
691	296	225	550	479	3	580	347	114
297	217	551	480	4	581	348	115	692
218	552	481	5	582	349	116	693	289

图 12-52　截面方阵 C_2

(4)

300	229	563	411	16	593	360	118	695
230	564	412	17	594	352	119	696	301
565	413	18	586	353	120	697	302	231
414	10	587	354	121	698	303	232	566
11	588	355	122	699	304	233	567	406
589	356	123	700	305	234	559	407	12
357	124	701	306	226	560	408	13	590
125	702	298	227	561	409	14	591	358
694	299	228	562	410	15	592	359	126

图 12-53　截面方阵 C_2

(5)

128	705	310	239	492	421	26	603	361
706	311	240	493	422	27	595	362	129
312	241	494	423	19	596	363	130	707
242	495	415	20	597	364	131	708	313
487	416	21	598	365	132	709	314	243
417	22	599	366	133	710	315	235	488
23	600	367	134	711	307	236	489	418
601	368	135	703	308	237	490	419	24
369	127	704	309	238	491	420	25	602

图 12-54　截面方阵 C_5

(6)

604	371	138	715	320	168	502	431	36
372	139	716	321	169	503	432	28	605
140	717	322	170	504	424	29	606	373
718	323	171	496	425	30	607	374	141
324	163	497	426	31	608	375	142	719
164	498	427	32	609	376	143	720	316
499	428	33	610	377	144	712	317	165
429	34	611	378	136	713	318	166	500
35	612	370	137	714	319	167	501	430

图 12-55　截面方阵 C_6

(7)

441	37	614	381	148	725	249	178	512
38	615	382	149	726	250	179	513	433
616	383	150	727	251	180	505	434	39
384	151	728	252	172	506	435	40	617
152	729	244	173	507	436	41	618	385
721	245	174	508	437	42	619	386	153
246	175	509	438	43	620	387	145	722
176	510	439	44	621	379	146	723	247
511	440	45	613	380	147	724	248	177

图 12-56　截面方阵 C_7

(8)

188	522	442	47	624	391	158	654	259
514	443	48	625	392	159	655	260	189
444	49	626	393	160	656	261	181	515
50	627	394	161	657	253	182	516	445
628	395	162	649	254	183	517	446	51
396	154	650	255	184	518	447	52	629
155	651	256	185	519	448	53	630	388
652	257	186	520	449	54	622	389	156
258	187	521	450	46	623	390	157	653

图 12-57　截面方阵 C_8

(9)

664	269	198	523	452	57	634	401	87
270	190	524	453	58	635	402	88	665
191	525	454	59	636	403	89	666	262
526	455	60	637	404	90	658	263	192
456	61	638	405	82	659	264	193	527
62	639	397	83	660	265	194	528	457
631	398	84	661	266	195	529	458	63
399	85	662	267	196	530	459	55	632
86	663	268	197	531	451	56	633	400

图 12-58　截面方阵 C_9

由上述 k（$k=1,2,\cdots,9$）个截面 C_k 组成的 9 阶空间对称的幻立方，由 $1\sim729$ 的自然数所组成，其 9^2 个行，9^2 个列，9^2 个纵列以及四条空间对角线上的 9 个数字之

和都等于 $\dfrac{9}{2}\left(9^3+1\right)=3285$ 即幻立方常数. 空间中心对称位置上的两个数其和都等于 $9^3+1=730$. 读者可随机抽验一下, 很有意思的.

由文 [1] 中的两步法可得出 $2\cdot4\left(2^3(3!)\right)^2=18432$ 个不同的 9 阶对称幻方, 它们来自 18432 个不同的 9 阶基方阵, 由这些不同的 9 阶基方阵出发就可分别得出同样数目的不同 9 阶空间对称的幻立方.

12.3　奇数阶空间对称的幻立方

12.3.1　构造奇数 $n=2m+1$($m=1,2,\cdots$为自然数) 阶空间对称幻立方的三步法[9]

第一步, 按文 [1] 构造奇数 $n=2m+1$($m=1,2,\cdots$为自然数) 阶对称幻方两步法的第一步, 构造 $n\times n$ 基方阵 A. 按事先选定的顺序 (可不按自然数顺序) 安装各列基数随后的 $n-1$ 个数. 记基方阵 A 位于第 i 行第 j 列的元素为 $a(i,j)$ 其中 $i,j=1,2,\cdots,n$.

第二步, 构造以 k 轴为法线方向的第 k ($k=1,2,\cdots,n$) 个截面的基方阵 B_k, B_k 位于第 i 行, 第 j 列的元素为 $b(k,i,j)$.

以 $p(k,j)$ 表示基方阵 B_k 的基数, $p(k,j)=[a(k,j)-1]\cdot n+1$ ($k=1,2,\cdots,n$; $j=1,2,\cdots,n$)

把 $p(k,j)$($k=1,2,\cdots,n$; $j=1,2,\cdots,n$) 置于第 k($k=1,2,\cdots,n$) 个截面位于第 $r(n+2-(k+j))$ 行, 第 $r(m+k+j)$ 列的位置, 即 $b\left(k,r(n+2-(k+j)),r(m+k+j)\right)=p(k,j)$, 按第一步中选定的同样顺序安装各列基数随后的 $n-1$ 个数.

第三步, 第 k 个截面的基方阵 B_k 第 i 行的元素按余函数 $r(t)$ 的规则右移 $r(n+k-i)$ ($i=1,2,\cdots,n$) 个位置得第 k 个截面的方阵 C_k, 按 k 由小到大的顺序, 此 k 个截面 C_k, 组成的数字立方阵 C 就是一个奇数 $n=2m+1$ ($m=1,2,\cdots$为自然数) 阶空间对称幻立方, 由 $1\sim n^3$ 的自然数所组成.

其 n^2 个行, n^2 个列, n^2 个纵列上 n 个数字的和都等于幻立方常数 $\dfrac{n}{2}\left(n^3+1\right)$. 其四条空间对角线上 n 个数字之和, 亦都等于幻立方常数 $\dfrac{n}{2}\left(n^3+1\right)$. 空间中心对称位置上的两个数其和都等于 n^3+1.

由文 [1] 中的两步法可得出 $2m\left(2^{m-1}((m-1)!)\right)^2$ 个不同的 n 阶对称幻方, 它们来自 $2m\left(2^{m-1}((m-1)!)\right)^2$ 个不同的 n 阶基方阵, 由这些不同的 n 阶基方阵出发就可分别得出同样数目的不同的奇数 $n=2m+1$($m=1,2,\cdots$为自然数) 阶空间对称幻立方.

第 13 章 奇数阶空间对称截面完美的幻立方

本章所要构造的奇数阶空间对称截面完美的幻立方,其三个方向上每个截面都是一个幻方常数为 $\frac{n}{2}(n^3+1)$ 的完美幻方,所以六个对角面各行各列上数字的和都等于 n 阶幻立方的幻立方常数 $\frac{n}{2}(n^3+1)$,六个对角面都是一个幻方常数为 $\frac{n}{2}(n^3+1)$ 的对称幻方. 空间中心对称位置上两个数字的和都等于 n^3+1.

13.1 7阶空间对称截面完美的幻立方

13.1.1 如何构造一个 7 阶空间对称截面完美的幻立方?

第一步,根据文 [1] 中构造对称幻方的两步法,构造一个由 1 ~ 49 的自然数组成的 7 阶对称幻方的基方阵 A,按事先选定的顺序安装各列基数随后的 6 个数,得基方阵 A 如图 13-1 所示.

30	3	42	22	12	48	18
31	7	36	26	13	46	16
35	1	40	27	11	44	17
29	5	41	25	9	45	21
33	6	39	23	10	49	15
34	4	37	24	14	43	19
32	2	38	28	8	47	20

图 13-1 基方阵 A

记基方阵 A 位于第 i 行第 j 列的元素为 $a(i,j)$ 其中 $i,j = 1,2,\cdots,7$.

第二步,构造以 k 轴为法线方向的第 k($k = 1,2,\cdots,7$)个截面的基方阵 B_k,B_k 位

于第 i 行，第 j 列的元素为 $b(k, i, j)$.

(1) 构造基方阵 B_1，首先要取定基方阵 B_1 的基数.

取基方阵 A 的第 1 行作为一个 1×7 的长方阵，如图 13-2 所示.

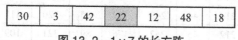

30	3	42	22	12	48	18

图 13-2　1×7 的长方阵

上述长方阵的数减 1 再乘以 7 然后加 1 得由基方阵 B_1 的基数组成的长方阵，如图 13-3 所示.

204	15	288	148	78	330	120

图 13-3　基数组成的长方阵

把图 13-3 中的基数作为基方阵 B_1 的基数置于基方阵 B_1 的灰色方格中，按构造基方阵 A 时同样的顺序安装各列基数随后的 6 个数，得基方阵 B_1 如图 13-4 所示.

204	19	293	151	79	332	126
208	20	291	149	80	336	120
209	18	289	150	84	330	124
207	16	290	154	78	334	125
205	17	294	148	82	335	123
206	21	288	152	83	333	121
210	15	292	153	81	331	122

图 13-4　基方阵 B_1

(2) 构造基方阵 B_2，首先要取定基方阵 B_2 的基数.

取基方阵 A 的第 2 行作为一个 1×7 的长方阵，如图 13-5 所示.

31	7	36	26	13	46	16

图 13-5　1×7 的长方阵

上述长方阵的数减 1 再乘以 7 然后加 1 得由基方阵 B_2 的基数组成的长方阵，如图 13-6 所示.

211	43	246	176	85	316	106

图 13-6　基数组成的长方阵

把图 13-6 中的基数作为基方阵 B_2 的基数置于基方阵 B_2 的灰色方格中，按构造基方阵 A 时同样的顺序安装各列基数随后的 6 个数，得基方阵 B_2 如图 13-7 所示.

217	43	250	181	88	317	108
211	47	251	179	86	318	112
215	48	249	177	87	322	106
216	46	247	178	91	316	110
214	44	248	182	85	320	111
212	45	252	176	89	321	109
213	49	246	180	90	319	107

图 13-7　基方阵 B_2

(3) 构造基方阵 B_3.

取定基方阵 B_3 的基数的过程如图 13-8 所示.

35	1	40	27	11	44	17

239	1	274	183	71	302	113

图 13-8　取定基方阵 B_3 的基数的过程

基方阵 B_3 如图 13-9 所示.

241	7	274	187	76	305	114
245	1	278	188	74	303	115
239	5	279	186	72	304	119
243	6	277	184	73	308	113
244	4	275	185	77	302	117
242	2	276	189	71	306	118
240	3	280	183	75	307	116

图 13-9　基方阵 B_3

(4) 构造基方阵 B_4.

取定基方阵 B_4 的基数的过程如图 13-10 所示.

29	5	41	25	9	45	21

197	29	281	169	57	309	141

图 13-10　取定基方阵 B_4 的基数的过程

基方阵 B_4 如图 13-11 所示.

198	31	287	169	61	314	144
199	35	281	173	62	312	142
203	29	285	174	60	310	143
197	33	286	172	58	311	147
201	34	284	170	59	315	141
202	32	282	171	63	309	145
200	30	283	175	57	313	146

图 13-11　基方阵 B_4

(5) 构造基方阵 B_5.

取定基方阵 B_5 的基数的过程如图 13-12 所示.

33	6	39	23	10	49	15

225	36	267	155	64	337	99

图 13-12　取定基方阵 B_5 的基数的过程

基方阵 B_5 如图 13-13 所示.

228	37	269	161	64	341	104
226	38	273	155	68	342	102
227	42	267	159	69	340	100
231	36	271	160	67	338	101
225	40	272	158	65	339	105
229	41	270	156	66	343	99
230	39	268	157	70	337	103

图 13-13　基方阵 B_5

(6) 构造基方阵 B_6.

取定基方阵 B_6 的基数的过程如图 13-14 所示.

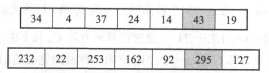

34	4	37	24	14	43	19

232	22	253	162	92	295	127

图 13-14　取定基方阵 B_6 的基数的过程

基方阵 B_6 如图 13-15 所示.

237	25	254	164	98	295	131
235	23	255	168	92	299	132
233	24	259	162	96	300	130
234	28	253	166	97	298	128
238	22	257	167	95	296	129
232	26	258	165	93	297	133
236	27	256	163	94	301	127

图 13-15 基方阵 B_6

(7) 构造基方阵 B_7.

取定基方阵 B_7 的基数的过程如图 13-16 所示.

32	2	38	28	8	47	20

218	8	260	190	50	323	134

图 13-16 取定基方阵 B_7 的基数的过程

基方阵 B_7 如图 13-17 所示.

222	13	263	191	52	329	134
223	11	261	192	56	323	138
221	9	262	196	50	327	139
219	10	266	190	54	328	137
220	14	260	194	55	326	135
224	8	264	195	53	324	136
218	12	265	193	51	325	140

图 13-17 基方阵 B_7

第三步,第 k($k = 1,2,\cdots,7$)个截面的基方阵 B_k 第 i 行的元素按余函数 $r(t)$ 的规则右移 $r(4k - 2i - 1)$($i = 1,2,\cdots,7$)个位置得截面方阵 C_k,按 k 由小到大的顺序,此 k 个截面组成的数字立方阵 C 就是一个 7 阶空间对称截面完美的幻立方.截面的方阵 $C_1 \sim C_7$ 分别如图 13-18 至图 13-24 所示.

(1)

126	204	19	293	151	79	332
20	291	149	80	336	120	208
150	84	330	124	209	18	289
334	125	207	16	290	154	78
205	17	294	148	82	335	123
288	152	83	333	121	206	21
81	331	122	210	15	292	153

图 13-18　截面方阵 C_1

(2)

250	181	88	317	108	217	43
86	318	112	211	47	251	179
106	215	48	249	177	87	322
46	247	178	91	316	110	216
182	85	320	111	214	44	248
321	109	212	45	252	176	89
213	49	246	180	90	319	107

图 13-19　截面方阵 C_2

(3)

305	114	241	7	274	187	76
245	1	278	188	74	303	115
279	186	72	304	119	239	5
73	308	113	243	6	277	184
117	244	4	275	185	77	302
2	276	189	71	306	118	242
183	75	307	116	240	3	280

图 13-20　截面方阵 C_3

(4)

31	287	169	61	314	144	198
173	62	312	142	199	35	281
310	143	203	29	285	174	60
197	33	286	172	58	311	147
284	170	59	315	141	201	34
63	309	145	202	32	282	171
146	200	30	283	175	57	313

图 13-21　截面方阵 C_4

(5)

64	341	104	228	37	269	161
102	226	38	273	155	68	342
42	267	159	69	340	100	227
160	67	338	101	231	36	271
339	105	225	40	272	158	65
229	41	270	156	66	343	99
268	157	70	337	103	230	39

图 13-22　截面方阵 C_5

(6)

237	25	254	164	98	295	131
255	168	92	299	132	235	23
96	300	130	233	24	259	162
128	234	28	253	166	97	298
22	257	167	95	296	129	238
165	93	297	133	232	26	258
301	127	236	27	256	163	94

图 13-23　截面方阵 C_6

(7)

191	52	329	134	222	13	263
323	138	223	11	261	192	56
221	9	262	196	50	327	139
266	190	54	328	137	219	10
55	326	135	220	14	260	194
136	224	8	264	195	53	324
12	265	193	51	325	140	218

图 13-24　截面方阵 C_7

由上述 $k\,(k=1,2,\cdots,7)$ 个截面 C_k 组成的是一个 7 阶空间对称截面完美的幻立方，由 $1\sim343$ 的自然数所组成，其 7^2 个行，7^2 个列，7^2 个纵列以及四条空间对角线上的 7 个数字之和都等于 $\dfrac{7}{2}(7^3+1)=1204$ 即幻立方常数．空间中心对称位置上的两个数其和都等于 $7^3+1=344$．其三个方向上每个截面都是一个幻方常数为 1204 的完美幻方，即每个截面对角线或泛对角线上 7 个数字之和都等于 1204．六个对角面都是一个幻方常数为 1204 的对称幻方．读者可随机抽验一下，很有意思的．

由以上方法得到的截面方阵 $C_1 \sim C_7$ 组成的数字立方阵 C 是一个 7 阶空间对称截面完美的幻立方，文 [9] 中已给出理论证明．但若用其他方法得出一个由 7 个截面方阵 $C_1 \sim C_7$ 组成的数字立方阵 C，为了确定数字立方阵 C 就是一个 7 阶空间对称截面完美的幻立方，我们还需检查未直接写出的其他两个方向各 7 个截面是否都是一个幻方常数为 1204 的完美幻方，这是至关重要的．这里呈现在你面前的是数字立方阵 C 以 k 轴为法线方向的 k（$k=1,2,\cdots,7$）个截面，为了使读者有一个更清晰具体的概念，我们列出数字立方阵 C 以 i 轴为法线方向的 i（$i=1,2,\cdots,7$）个截面，如图 13-25 所示；数字立方阵阵 C 以 j 轴为法线方向的 j（$j=1,2,\cdots,7$）个截面，如图 13-26 所示．

以 i 轴为法线方向的 i（$i=1,2,\cdots,7$）个截面．

(1)

126	204	19	293	151	79	332
250	181	88	317	108	217	43
305	114	241	7	274	187	76
31	287	169	61	314	144	198
64	341	104	228	37	269	161
237	25	254	164	98	295	131
191	52	329	134	222	13	263

(2)

20	291	149	80	336	120	208
86	318	112	211	47	251	179
245	1	278	188	74	303	115
173	62	312	142	199	35	281
102	226	38	273	155	68	342
255	168	92	299	132	235	23
323	138	223	11	261	192	56

(3)

150	84	330	124	209	18	289
106	215	48	249	177	87	322
279	186	72	304	119	239	5
310	143	203	29	285	174	60
42	267	159	69	340	100	227
96	300	130	233	24	259	162
221	9	262	196	50	327	139

(4)

334	125	207	16	290	154	78
46	247	178	91	316	110	216
73	308	113	243	6	277	184
197	33	286	172	58	311	147
160	67	338	101	231	36	271
128	234	28	253	166	97	298
266	190	54	328	137	219	10

(5)

205	17	294	148	82	335	123
182	85	320	111	214	44	248
117	244	4	275	185	77	302
284	170	59	315	141	201	34
339	105	225	40	272	158	65
22	257	167	95	296	129	238
55	326	135	220	14	260	194

(6)

288	152	83	333	121	206	21
321	109	212	45	252	176	89
2	276	189	71	306	118	242
63	309	145	202	32	282	171
229	41	270	156	66	343	99
165	93	297	133	232	26	258
136	224	8	264	195	53	324

(7)

81	331	122	210	15	292	153
213	49	246	180	90	319	107
183	75	307	116	240	3	280
146	200	30	283	175	57	313
268	157	70	337	103	230	39
301	127	236	27	256	163	94
12	265	193	51	325	140	218

图 13-25 以 i 轴为法线方向的 7 个截面表示的 7 阶空间对称截面完美的幻立方

以 j 轴为法线方向的 j（$j=1,2,\cdots,7$）个截面.

(1)

126	250	305	31	64	237	191
20	86	245	173	102	255	323
150	106	279	310	42	96	221
334	46	73	197	160	128	266
205	182	117	284	339	22	55
288	321	2	63	229	165	136
81	213	183	146	268	301	12

(2)

204	181	114	287	341	25	52
291	318	1	62	226	168	138
84	215	186	143	267	300	9
125	247	308	33	67	234	190
17	85	244	170	105	257	326
152	109	276	309	41	93	224
331	49	75	200	157	127	265

(3)

19	88	241	169	104	254	329
149	112	278	312	38	92	223
330	48	72	203	159	130	262
207	178	113	286	338	28	54
294	320	4	59	225	167	135
83	212	189	145	270	297	8
122	246	307	30	70	236	193

(4)

293	317	7	61	228	164	134
80	211	188	142	273	299	11
124	249	304	29	69	233	196
16	91	243	172	101	253	328
148	111	275	315	40	95	220
333	45	71	202	156	133	264
210	180	116	283	337	27	51

159

(5)

151	108	274	314	37	98	222
336	47	74	199	155	132	261
209	177	119	285	340	24	50
290	316	6	58	231	166	137
82	214	185	141	272	296	14
121	252	306	32	66	232	195
15	90	240	175	103	256	325

(6)

79	217	187	144	269	295	13
120	251	303	35	68	235	192
18	87	239	174	100	259	327
154	110	277	311	36	97	219
335	44	77	201	158	129	260
206	176	118	282	343	26	53
292	319	3	57	230	163	140

(7)

332	43	76	198	161	131	263
208	179	115	281	342	23	56
289	322	5	60	227	162	139
78	216	184	147	271	298	10
123	248	302	34	65	238	194
21	89	242	171	99	258	324
153	107	280	313	39	94	218

图 13-26 以 j 轴为法线方向的 7 个截面表示的 7 阶空间对称截面完美的幻立方

由文 [1] 中的两步法可得出 $2 \cdot 3(2^2(2!))^2$=384 个不同的 7 阶对称幻方，它们来自 384 个不同的 7 阶基方阵，由这些不同的 7 阶基方阵出发就可分别得出同样数目的不同 7 阶空间对称截面完美的幻立方．

13.2 奇数阶空间对称截面完美的幻立方

构造奇数 n=2m+1 (m 为 $m \neq 3t+1$ 且 $m \neq 5s + 2$ $t, s = 0,1,2,\cdots,7$ 的自然数) 阶空间对称截面完美幻立方的三步法[9]：

第一步，按文 [1] 构造奇数 n=2m+1($m = 1,2,\cdots$ 为自然数) 阶对称幻方两步法的第一步，构造 $n \times n$ 基方阵 A. 按事先选定的顺序（可不按自然数顺序）安装各列基数随后的 $n-1$ 个数. 记基方阵 A 位于第 i 行第 j 列的元素为 $a(i, j)$ 其中 $i, j = 1, 2, \cdots, n$.

第二步，构造以 k 轴为法线方向的第 k（$k = 1, 2, \cdots, n$）个截面的基方阵 B_k, B_k 位于第 i 行、第 j 列的元素为 $b(k, i, j)$.

以 $p(k, j)$ 表示基方阵 B_k 的基数，$p(k, j) = [a(k, j) - 1] \cdot n + 1$（$k = 1, 2, \cdots, n$　$j = 1, 2, \cdots, n$），把 $p(k, j)$（$k = 1, 2, \cdots, n$　$j = 1, 2, \cdots, n$）置于第 k（$k = 1, 2, \cdots, n$）个截面位于第 $r(k+1-j)$ 行，第 j 列的位置，即 $b(k, r(k+1-j), j) = p(k, j)$. 按第一步中选定的同样顺序安装各列基数随后的 $n-1$ 个数.

第三步，第 k 个截面的基方阵 B_k 第 i 行的元素按余函数 $r(t)$ 的规则右移 $r(4k - 2i - 1)$（$i = 1, 2, \cdots, n$）个位置得截面方阵 C_k.

按 k 由小到大的顺序，此 k 个截面组成的数字立方阵 C 就是一个奇数 $n=2m+1$（m 为 $m \neq 3t+1$ 且 $m \neq 5s+2$　$t, s = 0, 1, 2, \cdots$ 的自然数）阶空间对称截面完美的幻立方.

由文 [1] 中的两步法可得出 $2m\left(2^{m-1}((m-1)!)\right)^2$ 个不同的 n 阶对称幻方，它们来自 $2m\left(2^{m-1}((m-1)!)\right)^2$ 个不同的 n 阶基方阵，由这些不同的 n 阶基方阵出发就可分别得出同样数目的不同的奇数 $n=2m+1$（m 为 $m \neq 3t+1$ 且 $m \neq 5s+2$　$t, s = 0, 1, 2, \cdots$ 的自然数）阶空间对称截面完美的幻立方.

第 14 章　奇数阶空间完美幻立方

平面上有奇数阶完美幻方，有无奇数阶空间完美幻立方？它是如何定义的？我们又能否构造出这样的幻立方？能，本章所讲述的构造奇数阶空间完美幻立方的三步法就能. 一个幻立方，如果其四条空间对角线及与其同方向的空间泛对角线上的 n 个数字之和亦都等于 n 阶幻立方常数，则称为空间完美幻立方.

14.1　7 阶空间完美幻立方

14.1.1　如何构造一个 7 阶空间完美幻立方？

第一步，　根据文 [1] 中构造完美幻方的两步法，构造一个由 $1 \sim 49$ 的自然数组成的 7 阶完美幻方的基方阵 A，按事先选定的顺序安装各列基数及基数随后的 6 个数，得基方阵 A 如图 14-1 所示.

16	32	45	1	27	14	40
18	31	43	6	28	12	37
17	29	48	7	26	9	39
15	34	49	5	23	11	38
20	35	47	2	25	10	36
21	33	44	4	24	8	41
19	30	46	3	22	13	42

图 14–1　基方阵 A

记基方阵 A 位于第 i 行第 j 列的元素为 $a(i,j)$ 其中 $i,j=1,2,\cdots,7$.

第二步，构造以 k 轴为法线方向的第 k（$k=1,2,\cdots,7$）个截面的基方阵 B_k，B_k 位于第 i 行，第 j 列的元素为 $b(k,i,j)$.

(1) 构造基方阵 B_1，首先要取定基方阵 B_1 的基数.

162

取基方阵 A 的第 1 行作为一个 1×7 的长方阵, 如图 14-2 所示.

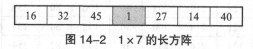

图 14-2　1×7 的长方阵

上述长方阵的数减 1 再乘以 7 然后加 1 得由基方阵 B_1 的基数组成的长方阵, 如图 14-3 所示.

图 14-3　基数组成的长方阵

把图 14-3 中的基数作为基方阵 B_1 的基数置于基方阵 B_1 的灰色方格中, 按事先选定的顺序安装各列基数及基数随后的 6 个数 (可与第一步选择的顺序不同), 得基方阵 B_1 如图 14-4 所示.

110	219	312	6	183	94	280
107	221	314	1	185	98	278
109	223	309	3	189	96	275
111	218	311	7	187	93	277
106	220	315	5	184	95	279
108	224	313	2	186	97	274
112	222	310	4	188	92	276

图 14-4　基方阵 B_1

(2) 构造基方阵 B_2, 首先要取定基方阵 B_2 的基数.

取基方阵 A 的第 2 行作为一个 1×7 的长方阵, 如图 14-5 所示.

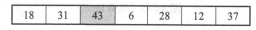

图 14-5　1×7 的长方阵

上述长方阵的数减 1 再乘以 7 然后加 1 得由基方阵 B_2 的基数组成的长方阵, 如图 14-6 所示.

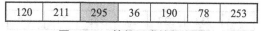

图 14-6　基数组成的长方阵

把图 14-6 中的基数作为基方阵 B_2 的基数置于基方阵 B_2 的灰色方格中, 按构造基方阵 B_1 时同样的顺序安装各列基数及基数随后的 6 个数, 得基方阵 B_2 如图 14-7 所示.

126	215	296	39	195	78	255
124	212	298	41	190	80	259
121	214	300	36	192	84	257
123	216	295	38	196	82	254
125	211	297	42	194	79	256
120	213	301	40	191	81	258
122	217	299	37	193	83	253

图 14-7　基方阵 B_2

(3) 构造基方阵 B_3.

取定基方阵 B_3 的基数的过程如图 14-8 所示.

17	29	48	7	26	9	39

113	197	330	43	176	57	267

图 14-8　取定基方阵 B_3 的基数的过程

基方阵 B_3 如图 14-9 所示.

115	203	334	44	179	62	267
119	201	331	46	181	57	269
117	198	333	48	176	59	273
114	200	335	43	178	63	271
116	202	330	45	182	61	268
118	197	332	49	180	58	270
113	199	336	47	177	60	272

图 14-9　基方阵 B_3

(4) 构造基方阵 B_4.

取定基方阵 B_4 的基数的过程如图 14-10 所示.

15	34	49	5	23	11	38

99	232	337	29	155	71	260

图 14-10　取定基方阵 B_4 的基数的过程

基方阵 B_4 如图 14-11 所示.

99	234	343	33	156	74	265
101	238	341	30	158	76	260
105	236	338	32	160	71	262
103	233	340	34	155	73	266
100	235	342	29	157	77	264
102	237	337	31	161	75	261
104	232	339	35	159	72	263

图 14–11　基方阵 B_4

(5) 构造基方阵 B_5

取定基方阵 B_5 的基数的过程如图 14-12 所示.

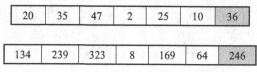

20	35	47	2	25	10	36

134	239	323	8	169	64	246

图 14–12　取定基方阵 B_5 的基数的过程

基方阵 B_5 如图 14-13 所示.

139	239	325	14	173	65	249
134	241	329	12	170	67	251
136	245	327	9	172	69	246
140	243	324	11	174	64	248
138	240	326	13	169	66	252
135	242	328	8	171	70	250
137	244	323	10	175	68	247

图 14–13　基方阵 B_5

(6) 构造基方阵 B_6

取定基方阵 B_6 的基数的过程如图 14-14 所示.

21	33	44	4	24	8	41

141	225	302	22	162	50	281

图 14–14　取定基方阵 B_6 的基数的过程

基方阵 B_6 如图 14-15 所示.

144	230	302	24	168	54	282
146	225	304	28	166	51	284
141	227	308	26	163	53	286
143	231	306	23	165	55	281
147	229	303	25	167	50	283
145	226	305	27	162	52	287
142	228	307	22	164	56	285

图 14–15　基方阵 B_6

(7) 构造基方阵 B_7.

取定基方阵 B_7 的基数的过程如图 14-16 所示.

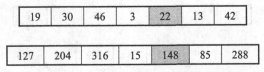

19	30	46	3	22	13	42

127	204	316	15	148	85	288

图 14–16　取定基方阵 B_7 的基数的过程

基方阵 B_7 如图 14-17 所示.

128	207	321	15	150	91	292
130	209	316	17	154	89	289
132	204	318	21	152	86	291
127	206	322	19	149	88	293
129	210	320	16	151	90	288
133	208	317	18	153	85	290
131	205	319	20	148	87	294

图 14–17　基方阵 B_7

第三步, 第 k ($k = 1,2,\cdots,7$) 个截面的基方阵 B_k 第 i 行的元素按余函数 $r(t)$ 的规则右移 $r((k-m)(m+1)-i)$ ($i = 1,2,\cdots,7$) 个位置得截面方阵 C_k, 按 k 由小到大的顺序, 此 k 个截面组成的数字立方阵 C 就是一个 7 阶空间完美幻立方. 截面的方阵 $C_1 \sim C_7$ 分别如图 14-18 至图 14-24 所示.

(1)

312	6	183	94	280	110	219
1	185	98	278	107	221	314
189	96	275	109	223	309	3
93	277	111	218	311	7	187
279	106	220	315	5	184	95
108	224	313	2	186	97	274
222	310	4	188	92	276	112

图 14–18　截面方阵 C_1

(2)

78	255	126	215	296	39	195
259	124	212	298	41	190	80
121	214	300	36	192	84	257
216	295	38	196	82	254	123
297	42	194	79	256	125	211
40	191	81	258	120	213	301
193	83	253	122	217	299	37

图 14–19　截面方阵 C_2

(3)

203	334	44	179	62	267	115
331	46	181	57	269	119	201
48	176	59	273	117	198	333
178	63	271	114	200	335	43
61	268	116	202	330	45	182
270	118	197	332	49	180	58
113	199	336	47	177	60	272

图 14–20　截面方阵 C_3

(4)

156	74	265	99	234	343	33
76	260	101	238	341	30	158
262	105	236	338	32	160	71
103	233	340	34	155	73	266
235	342	29	157	77	264	100
337	31	161	75	261	102	237
35	159	72	263	104	232	339

图 14–21　截面方阵 C_4

(5)

139	239	325	14	173	65	249
241	329	12	170	67	251	134
327	9	172	69	246	136	245
11	174	64	248	140	243	324
169	66	252	138	240	326	13
70	250	135	242	328	8	171
247	137	244	323	10	175	68

图 14-22　截面方阵 C_5

(6)

24	168	54	282	144	230	302
166	51	284	146	225	304	28
53	286	141	227	308	26	163
281	143	231	306	23	165	55
147	229	303	25	167	50	283
226	305	27	162	52	287	145
307	22	164	56	285	142	228

图 14-23　截面方阵 C_6

(7)

292	128	207	321	15	150	91
130	209	316	17	154	89	289
204	318	21	152	86	291	132
322	19	149	88	293	127	206
16	151	90	288	129	210	320
153	85	290	133	208	317	18
87	294	131	205	319	20	148

图 14-24　截面方阵 C_7

由上述 $k\,(k=1,2,\cdots,7)$ 个截面 C_k 组成的是一个 7 阶空间完美幻立方, 由 $1\sim343$ 的自然数所组成, 其 7^2 个行, 7^2 个列, 7^2 个纵列以及四条空间对角线及与其同方向的空间泛对角线上的 7 个数字之和都等于 $\dfrac{7}{2}(7^3+1)=1204$ 即幻立方常数. 即有

$7^2+7^2+7^2+4\times7=175$ 组数字之和都等于 $\dfrac{7}{2}(7^3+1)=1204$. 读者可随机抽验一下, 很有意思的.

　　由以上方法得到的截面方阵 $C_1 \sim C_7$ 组成的数字立方阵 C 是一个 7 阶空间完美幻立方，文 [10] 中已给出理论证明．但若用其他方法得出一个由 7 个截面方阵 $C_1 \sim C_7$ 组成的数字立方阵 C，为了确定数字立方阵 C 就是一个 7 阶空间完美幻立方，我们还需检查 7^2 个纵列上的 7 个数字之和是否都等于 $\dfrac{7}{2}\left(7^3+1\right)=1204$，这是至关重要的．这里呈现在你面前的是数字立方阵 C 以 k 轴为法线方向的 k（$k=1,2,\cdots,7$）个截面表示，为了使读者有一个更清晰具体的概念，我们列出数字立方阵 C 以 i 轴为法线方向的 i（$i=1,2,\cdots,7$）个截面，如图 14-25 所示．

　　以 i 轴为法线方向的 i（$i=1,2,\cdots,7$）个截面．

(1)

312	6	183	94	280	110	219
78	255	126	215	296	39	195
203	334	44	179	62	267	115
156	74	265	99	234	343	33
139	239	325	14	173	65	249
24	168	54	282	144	230	302
292	128	207	321	15	150	91

(2)

1	185	98	278	107	221	314
259	124	212	298	41	190	80
331	46	181	57	269	119	201
76	260	101	238	341	30	158
241	329	12	170	67	251	134
166	51	284	146	225	304	28
130	209	316	17	154	89	289

(3)

189	96	275	109	223	309	3
121	214	300	36	192	84	257
48	176	59	273	117	198	333
262	105	236	338	32	160	71
327	9	172	69	246	136	245
53	286	141	227	308	26	163
204	318	21	152	86	291	132

(4)

93	277	111	218	311	7	187
216	295	38	196	82	254	123
178	63	271	114	200	335	43
103	233	340	34	155	73	266
11	174	64	248	140	243	324
281	143	231	306	23	165	55
322	19	149	88	293	127	206

(5)

279	106	220	315	5	184	95
297	42	194	79	256	125	211
61	268	116	202	330	45	182
235	342	29	157	77	264	100
169	66	252	138	240	326	13
147	229	303	25	167	50	283
16	151	90	288	129	210	320

(6)

108	224	313	2	186	97	274
40	191	81	258	120	213	301
270	118	197	332	49	180	58
337	31	161	75	261	102	237
70	250	135	242	328	8	171
226	305	27	162	52	287	145
153	85	290	133	208	317	18

(7)

222	310	4	188	92	276	112
193	83	253	122	217	299	37
113	199	336	47	177	60	272
35	159	72	263	104	232	339
247	137	244	323	10	175	68
307	22	164	56	285	142	228
87	294	131	205	319	20	148

图 14-25 以 i 轴为法线方向的 7 个截面表示的 7 阶空间完美幻立方

图 14-18 至图 14-24 表示的数字立方阵 C 与图 14-25 是同一个空间完美幻立方.
图 14-25 中各个截面的列就是数字立方阵 C 所表示的空间完美幻立方的纵列.

上述三步法中第一步有 $(7!)^2$ 种选择, 第二步有 $7!$ 种选择, 所以三步法可得出
$(7!)^3 = (5040)^3 = 12802406400$ 个不同的 7 阶空间完美幻立方.

14.2　奇数阶空间完美幻立方

构造奇数 $n=2m+1$ (m 为 $m \neq 3t+1$ 且 $m \neq 5s+2$　$t, s = 0,1,2,\cdots$ 的自然数) 阶空间完美幻立方的三步法[10]:

第一步, 按文 [11] 构造奇数 $n=2m+1$(m 为 $m \neq 3t+1$　$t=0,1,2,\cdots$ 的自然数) 阶完美幻方方法的第一步, 构造 $n \times n$ 基方阵 A. 基方阵 A 位于第 i 行, 第 j 列的元素为 $a(i,j)$ $(i,j=1,2,\cdots,n)$. 就构造奇数 $n=2m+1$(m 为 $m \neq 3t+1$,　$t = 0,1,2,\cdots$ 的自然数) 阶完美幻方的两步法而言, 由文 [11] 中给出的证明可见, 实际上第 $m+1$ 组即 $m \cdot n + 1 \sim m \cdot n + n$ 的数可不置于基方阵中间的一列, 也不必以每个数组的第一个数作为基数. 安装于第 j 列的基数记为 $n \cdot c_j + \hat{d}_1$ ($j=1,2,\cdots,n$), 在每一列基数的下方 (包括该基数), 自上而下按 $n \cdot c_j + \hat{d}_k$ ($k=1,2,\cdots,n$, $\hat{d}_k$ 取遍 $1 \sim n$ 的自然数) 的顺序安装相继的数至该列最下面的第 n 行; 接着, 在该基数的上方, 自上而下顺序安装后继的数, 安装至全列装满为止, 得基方阵 A. 我们有 $a(i,j)=n \cdot c_j + \hat{d}_{r(m+i+j)}$ $(i,j=1,2,\cdots,n)$.

第二步, 构造以 k 轴为法线方向的第 k ($k=1,2,\cdots,n$) 个截面的基方阵 B_k, B_k 位于第 i 行、第 j 列的元素为 $b(k,i,j)$.

以 $p(k,j)$ 表示基方阵 B_k 的基数, $p(k,j)=[a(k,j)-1]\cdot n + d_1$ ($k=1,2,\cdots,n; j=1,2,\cdots,n$) 把 $p(k,r(k+m+2-i))$ ($k=1,2,\cdots,n; i=1,2,\cdots,n$) 置于第 k ($k=1,2,\cdots,n$) 个截面位于第 i 行, 第 $r(k+m+2-i)$ 列的位置, 各列基数及随后的 $n-1$ 个数按选定的同样顺序安装, 但该顺序可与第一步中所取之安装顺序不同.

$$b(k,i,j) = [a(k,j)-1]\cdot n + d_{r(m+i+j-k)} \quad (k=1,2,\cdots,n; i=1,2,\cdots,n; j=1,2,\cdots,n)$$

第三步, 第 k 个截面的基方阵 B_k 第 i 行的元素按余函数 $r(t)$ 的规则右移 $r((k-m)(m+1)-i)$ ($i=1,2,\cdots,n$) 个位置得截面方阵 C_k ($k=1,2,\cdots,n$).

按 k 由小到大的顺序, 此 k 个截面组成的数字立方阵 C 就是一个奇数 $n=2m+1$(m

为 $m \neq 3t+1$ 且 $m \neq 5s+2$　$s=0,1,2,\cdots$ 的自然数）阶空间完美幻立方.

　　构造空间完美幻立方步骤第一步中基方阵 A 有 $(n!)^2$ 种不同的选择，其第二步各列基数及随后共 n 个数的安装顺序有 $n!$ 种不同的选择，所以按该构造法可得出 $(n!)^3$ 个不同的奇数 $n=2m+1$（m 为 $m \neq 3t+1$ 且 $m \neq 5s+2$　$s=0,1,2,\cdots$ 的自然数）阶空间完美幻立方.

第 15 章　奇数阶空间对称完美幻立方

平面上有奇数阶对称完美幻方，有无奇数阶空间对称完美幻立方？它是如何定义的？我们又能否构造出这样的幻立方？能，本章所讲述的构造奇数阶空间对称完美幻立方的三步法就能．该方法与第 14 章构造空间完美幻立方的三步法相同，只是基方阵 A 需符合中心对称的要求，且截面的基方阵 B_k 各列基数及基数随后共 n 个数的安装顺序需满足某个规则．空间中心对称的空间完美幻立方，就叫作空间对称完美幻立方．

15.1　11 阶空间对称完美幻立方

15.1.1　如何构造一个 11 阶空间对称完美幻立方？

第一步，根据文 [1] 中构造对称完美幻方的两步法，构造一个由 $1 \sim 121$ 的自然数组成的 11 阶对称完美幻方的基方阵 A，按事先选定的顺序安装各列基数及基数随后共 11 个数，得基方阵 A 如图 15-1 所示．

73	8	97	87	22	56	101	36	26	115	50
74	9	98	88	12	57	102	37	27	116	51
75	10	99	78	13	58	103	38	28	117	52
76	11	89	79	14	59	104	39	29	118	53
77	1	90	80	15	60	105	40	30	119	54
67	2	91	81	16	61	106	41	31	120	55
68	3	92	82	17	62	107	42	32	121	45
69	4	93	83	18	63	108	43	33	111	46
70	5	94	84	19	64	109	44	23	112	47
71	6	95	85	20	65	110	34	24	113	48
72	7	96	86	21	66	100	35	25	114	49

图 15-1　基方阵 A

记基方阵 A 位于第 i 行第 j 列的元素为 $a(i,j)$ 其中 $i,j = 1,2,\cdots,11$

第二步, 构造以 k 轴为法线方向的第 k （$k = 1,2,\cdots,11$）个截面的基方阵 B_k, B_k 位于第 i 行, 第 j 列的元素为 $b(k,i,j)$.

⑴ 构造基方阵 B_1, 首先要取定基方阵 B_1 的基数.

取基方阵 A 的第 1 行作为一个 1×11 的长方阵, 如图 15-2 所示.

73	8	97	87	22	56	101	36	26	115	50

图 15-2 1×11 的长方阵

上述长方阵的数减 1 再乘以 11 然后加 1 得由基方阵 B_1 的基数组成的长方阵, 如图 15-3 所示.

793	78	1057	947	232	606	1101	386	276	1255	540

图 15-3 基数组成的长方阵

把图 15-3 中的基数作为基方阵 B_1 的基数置于基方阵 B_1 的灰色方格中, 按事先选定的顺序（规则见下节）安装各列基数及基数随后共 11 个数, 得基方阵 B_1 如图 15-4 所示.

801	81	1066	951	242	611	1101	392	277	1262	542
796	87	1061	957	237	606	1107	387	283	1257	548
802	82	1067	952	232	612	1102	393	278	1263	543
797	88	1062	947	238	607	1108	388	284	1258	549
803	83	1057	953	233	613	1103	394	279	1264	544
798	78	1063	948	239	608	1109	389	285	1259	550
793	84	1058	954	234	614	1104	395	280	1265	545
799	79	1064	949	240	609	1110	390	286	1260	540
794	85	1059	955	235	615	1105	396	281	1255	546
800	80	1065	950	241	610	1111	391	276	1261	541
795	86	1060	956	236	616	1106	386	282	1256	547

图 15-4 基方阵 B_1

⑵ 构造基方阵 B_2, 首先要取定基方阵 B_2 的基数.

取基方阵 A 的第 2 行作为一个 1×11 的长方阵, 如图 15-5 所示.

74	9	98	88	12	57	102	37	27	116	51

图 15-5　1×11 的长方阵

上述长方阵的数减 1 再乘以 11 然后加 1 得由基方阵 B_2 的基数组成的长方阵, 如图 15-6 所示.

804	89	1068	958	122	617	1112	397	287	1266	551

图 15-6　基数组成的长方阵

把图 15-6 中的基数作为基方阵 B_2 的基数置于基方阵 B_2 的灰色方格中, 按构造基方阵 B_1 时同样的顺序安装各列基数及基数随后共 11 个数, 得基方阵 B_2 如图 15-7 所示.

806	97	1071	967	126	627	1117	397	293	1267	558
812	92	1077	962	132	622	1112	403	288	1273	553
807	98	1072	968	127	617	1118	398	294	1268	559
813	93	1078	963	122	623	1113	404	289	1274	554
808	99	1073	958	128	618	1119	399	295	1269	560
814	94	1068	964	123	624	1114	405	290	1275	555
809	89	1074	959	129	619	1120	400	296	1270	561
804	95	1069	965	124	625	1115	406	291	1276	556
810	90	1075	960	130	620	1121	401	297	1271	551
805	96	1070	966	125	626	1116	407	292	1266	557
811	91	1076	961	131	621	1122	402	287	1272	552

图 15-7　基方阵 B_2

(3) 构造基方阵 B_3.

取定基方阵 B_3 的基数的过程如图 15-8 所示.

75	10	99	78	13	58	103	38	28	117	52

815	100	1079	848	133	628	1123	408	298	1277	562

图 15-8　取定基方阵 B_3 的基数的过程

基方阵 B_3 如图 15-9 所示.

822	102	1087	851	142	632	1133	413	298	1283	563
817	108	1082	857	137	638	1128	408	304	1278	569
823	103	1088	852	143	633	1123	414	299	1284	564
818	109	1083	858	138	628	1129	409	305	1279	570
824	104	1089	853	133	634	1124	415	300	1285	565
819	110	1084	848	139	629	1130	410	306	1280	571
825	105	1079	854	134	635	1125	416	301	1286	566
820	100	1085	849	140	630	1131	411	307	1281	572
815	106	1080	855	135	636	1126	417	302	1287	567
821	101	1086	850	141	631	1132	412	308	1282	562
816	107	1081	856	136	637	1127	418	303	1277	568

图 15-9　基方阵 B_3

(4) 构造基方阵 B_4.

取定基方阵 B_4 的基数的过程如图 15-10 所示.

76	11	89	79	14	59	104	39	29	118	53

826	111	969	859	144	639	1134	419	309	1288	573

图 15-10　取定基方阵 B_4 的基数的过程

基方阵 B_4 如图 15-11 所示.

827	118	971	867	147	648	1138	429	314	1288	579
833	113	977	862	153	643	1144	424	309	1294	574
828	119	972	868	148	649	1139	419	315	1289	580
834	114	978	863	154	644	1134	425	310	1295	575
829	120	973	869	149	639	1140	420	316	1290	581
835	115	979	864	144	645	1135	426	311	1296	576
830	121	974	859	150	640	1141	421	317	1291	582
836	116	969	865	145	646	1136	427	312	1297	577
831	111	975	860	151	641	1142	422	318	1292	583
826	117	970	866	146	647	1137	428	313	1298	578
832	112	976	861	152	642	1143	423	319	1293	573

图 15-11　基方阵 B_4

(5) 构造基方阵 B_5.

取定基方阵 B_5 的基数的过程如图 15-12 所示.

77	1	90	80	15	60	105	40	30	119	54

837	1	980	870	155	650	1145	430	320	1299	584

图 15-12　取定基方阵 B_5 的基数的过程

基方阵 B_5 如图 15-13 所示.

843	2	987	872	163	653	1154	434	330	1304	584
838	8	982	878	158	659	1149	440	325	1299	590
844	3	988	873	164	654	1155	435	320	1305	585
839	9	983	879	159	660	1150	430	326	1300	591
845	4	989	874	165	655	1145	436	321	1306	586
840	10	984	880	160	650	1151	431	327	1301	592
846	5	990	875	155	656	1146	437	322	1307	587
841	11	985	870	161	651	1152	432	328	1302	593
847	6	980	876	156	657	1147	438	323	1308	588
842	1	986	871	162	652	1153	433	329	1303	594
837	7	981	877	157	658	1148	439	324	1309	589

图 15-13　基方阵 B_5

(6) 构造基方阵 B_6.

取定基方阵 B_6 的基数的过程如图 15-14 所示.

67	2	91	81	16	61	106	41	31	120	55

727	12	991	881	166	661	1156	441	331	1310	595

图 15-14　取定基方阵 B_6 的基数的过程

基方阵 B_6 如图 15-15 所示.

727	18	992	888	168	669	1159	450	335	1320	600
733	13	998	883	174	664	1165	445	341	1315	595
728	19	993	889	169	670	1160	451	336	1310	601
734	14	999	884	175	665	1166	446	331	1316	596
729	20	994	890	170	671	1161	441	337	1311	602
735	15	1000	885	176	666	1156	447	332	1317	597
730	21	995	891	171	661	1162	442	338	1312	603
736	16	1001	886	166	667	1157	448	333	1318	598
731	22	996	881	172	662	1163	443	339	1313	604
737	17	991	887	167	668	1158	449	334	1319	599
732	12	997	882	173	663	1164	444	340	1314	605

图 15-15 基方阵 B_6

(7) 构造基方阵 B_7.

取定基方阵 B_7 的基数的过程如图 15-16 所示.

68	3	92	82	17	62	107	42	32	121	45

738	23	1002	892	177	672	1167	452	342	1321	485

图 15-16 取定基方阵 B_7 的基数的过程

基方阵 B_7 如图 15-17 所示.

743	23	1008	893	184	674	1175	455	351	1325	495
738	29	1003	899	179	680	1170	461	346	1331	490
744	24	1009	894	185	675	1176	456	352	1326	485
739	30	1004	900	180	681	1171	462	347	1321	491
745	25	1010	895	186	676	1177	457	342	1327	486
740	31	1005	901	181	682	1172	452	348	1322	492
746	26	1011	896	187	677	1167	458	343	1328	487
741	32	1006	902	182	672	1173	453	349	1323	493
747	27	1012	897	177	678	1168	459	344	1329	488
742	33	1007	892	183	673	1174	454	350	1324	494
748	28	1002	898	178	679	1169	460	345	1330	489

图 15-17 基方阵 B_7

(8) 构造基方阵 B_8.

取定基方阵 B_8 的基数的过程如图 15-18 所示.

69	4	93	83	18	63	108	43	33	111	46

749	34	1013	903	188	683	1178	463	353	1211	496

图 15-18　取定基方阵 B_8 的基数的过程

基方阵 B_8 如图 15-19 所示.

759	39	1013	909	189	690	1180	471	356	1220	500
754	34	1019	904	195	685	1186	466	362	1215	506
749	40	1014	910	190	691	1181	472	357	1221	501
755	35	1020	905	196	686	1187	467	363	1216	496
750	41	1015	911	191	692	1182	473	358	1211	502
756	36	1021	906	197	687	1188	468	353	1217	497
751	42	1016	912	192	693	1183	463	359	1212	503
757	37	1022	907	198	688	1178	469	354	1218	498
752	43	1017	913	193	683	1184	464	360	1213	504
758	38	1023	908	188	689	1179	470	355	1219	499
753	44	1018	903	194	684	1185	465	361	1214	505

图 15-19　基方阵 B_8

(9) 构造基方阵 B_9.

取定基方阵 B_9 的基数的过程如图 15-20 所示.

70	5	94	84	19	64	109	44	23	112	47

760	45	1024	914	199	694	1189	474	243	1222	507

图 15-20　取定基方阵 B_9 的基数的过程

基方阵 B_9 如图 15-21 所示.

764	55	1029	914	205	695	1196	476	251	1225	516
770	50	1024	920	200	701	1191	482	246	1231	511
765	45	1030	915	206	696	1197	477	252	1226	517
760	51	1025	921	201	702	1192	483	247	1232	512
766	46	1031	916	207	697	1198	478	253	1227	507
761	52	1026	922	202	703	1193	484	248	1222	513
767	47	1032	917	208	698	1199	479	243	1228	508
762	53	1027	923	203	704	1194	474	249	1223	514
768	48	1033	918	209	699	1189	480	244	1229	509
763	54	1028	924	204	694	1195	475	250	1224	515
769	49	1034	919	199	700	1190	481	245	1230	510

图 15-21　基方阵 B_9

⑽ 构造基方阵 B_{10}.

取定基方阵 B_{10} 的基数的过程如图 15-22 所示.

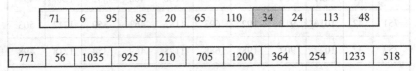

71	6	95	85	20	65	110	34	24	113	48

771	56	1035	925	210	705	1200	364	254	1233	518

图 15-22　取定基方阵 B_{10} 的基数的过程

基方阵 B_{10} 如图 15-23 所示.

780	60	1045	930	210	711	1201	371	256	1241	521
775	66	1040	925	216	706	1207	366	262	1236	527
781	61	1035	931	211	712	1202	372	257	1242	522
776	56	1041	926	217	707	1208	367	263	1237	528
771	62	1036	932	212	713	1203	373	258	1243	523
777	57	1042	927	218	708	1209	368	264	1238	518
772	63	1037	933	213	714	1204	374	259	1233	524
778	58	1043	928	219	709	1210	369	254	1239	519
773	64	1038	934	214	715	1205	364	260	1234	525
779	59	1044	929	220	710	1200	370	255	1240	520
774	65	1039	935	215	705	1206	365	261	1235	526

图 15-23　基方阵 B_{10}

⑪ 构造基方阵 B_{11}.

取定基方阵 B_{11} 的基数的过程如图 15-24 所示.

72	7	96	86	21	66	100	35	25	114	49

782	67	1046	936	221	716	1090	375	265	1244	529

图 15-24　取定基方阵 B_{11} 的基数的过程

基方阵 B_{11} 如图 15-25 所示.

785	76	1050	946	226	716	1096	376	272	1246	537
791	71	1056	941	221	722	1091	382	267	1252	532
786	77	1051	936	227	717	1097	377	273	1247	538
792	72	1046	942	222	723	1092	383	268	1253	533
787	67	1052	937	228	718	1098	378	274	1248	539
782	73	1047	943	223	724	1093	384	269	1254	534
788	68	1053	938	229	719	1099	379	275	1249	529
783	74	1048	944	224	725	1094	385	270	1244	535
789	69	1054	939	230	720	1100	380	265	1250	530
784	75	1049	945	225	726	1095	375	271	1245	536
790	70	1055	940	231	721	1090	381	266	1251	531

图 15-25　基方阵 B_{11}

第三步，第 k（$k=1,2,\cdots,11$）个截面的基方阵 B_k 第 i 行的元素按余函数 $r(t)$ 的规则右移 $r((k-m)(m+1)-i)$（$i=1,2,\cdots,11$）个位置得截面方阵 C_k，按 k 由小到大的顺序，此 k 个截面组成的数字立方阵 C 就是一个 11 阶空间对称完美幻立方. 截面的方阵 $C_1 \sim C_{11}$ 分别如图 15-26 至图 15-36 所示.

(1)

951	242	611	1101	392	277	1262	542	801	81	1066
237	606	1107	387	283	1257	548	796	87	1061	957
612	1102	393	278	1263	543	802	82	1067	952	232
1108	388	284	1258	549	797	88	1062	947	238	607
394	279	1264	544	803	83	1057	953	233	613	1103
285	1259	550	798	78	1063	948	239	608	1109	389
1265	545	793	84	1058	954	234	614	1104	395	280
540	799	79	1064	949	240	609	1110	390	286	1260
794	85	1059	955	235	615	1105	396	281	1255	546
80	1065	950	241	610	1111	391	276	1261	541	800
1060	956	236	616	1106	386	282	1256	547	795	86

图 15-26　截面方阵 C_1

(2)

293	1267	558	806	97	1071	967	126	627	1117	397
1273	553	812	92	1077	962	132	622	1112	403	288
559	807	98	1072	968	127	617	1118	398	294	1268
813	93	1078	963	122	623	1113	404	289	1274	554
99	1073	958	128	618	1119	399	295	1269	560	808
1068	964	123	624	1114	405	290	1275	555	814	94
959	129	619	1120	400	296	1270	561	809	89	1074
124	625	1115	406	291	1276	556	804	95	1069	965
620	1121	401	297	1271	551	810	90	1075	960	130
1116	407	292	1266	557	805	96	1070	966	125	626
402	287	1272	552	811	91	1076	961	131	621	1122

图 15-27　截面方阵 C_2

(3)

1087	851	142	632	1133	413	298	1283	563	822	102
857	137	638	1128	408	304	1278	569	817	108	1082
143	633	1123	414	299	1284	564	823	103	1088	852
628	1129	409	305	1279	570	818	109	1083	858	138
1124	415	300	1285	565	824	104	1089	853	133	634
410	306	1280	571	819	110	1084	848	139	629	1130
301	1286	566	825	105	1079	854	134	635	1125	416
1281	572	820	100	1085	849	140	630	1131	411	307
567	815	106	1080	855	135	636	1126	417	302	1287
821	101	1086	850	141	631	1132	412	308	1282	562
107	1081	856	136	637	1127	418	303	1277	568	816

图 15-28　截面方阵 C_3

(4)

429	314	1288	579	827	118	971	867	147	648	1138
309	1294	574	833	113	977	862	153	643	1144	424
1289	580	828	119	972	868	148	649	1139	419	315
575	834	114	978	863	154	644	1134	425	310	1295
829	120	973	869	149	639	1140	420	316	1290	581
115	979	864	144	645	1135	426	311	1296	576	835
974	859	150	640	1141	421	317	1291	582	830	121
865	145	646	1136	427	312	1297	577	836	116	969
151	641	1142	422	318	1292	583	831	111	975	860
647	1137	428	313	1298	578	826	117	970	866	146
1143	423	319	1293	573	832	112	976	861	152	642

图 15-29　截面方阵 C_4

(5)

2	987	872	163	653	1154	434	330	1304	584	843
982	878	158	659	1149	440	325	1299	590	838	8
873	164	654	1155	435	320	1305	585	844	3	988
159	660	1150	430	326	1300	591	839	9	983	879
655	1145	436	321	1306	586	845	4	989	874	165
1151	431	327	1301	592	840	10	984	880	160	650
437	322	1307	587	846	5	990	875	155	656	1146
328	1302	593	841	11	985	870	161	651	1152	432
1308	588	847	6	980	876	156	657	1147	438	323
594	842	1	986	871	162	652	1153	433	329	1303
837	7	981	877	157	658	1148	439	324	1309	589

图 15-30 截面方阵 C_5

(6)

1159	450	335	1320	600	727	18	992	888	168	669
445	341	1315	595	733	13	998	883	174	664	1165
336	1310	601	728	19	993	889	169	670	1160	451
1316	596	734	14	999	884	175	665	1166	446	331
602	729	20	994	890	170	671	1161	441	337	1311
735	15	1000	885	176	666	1156	447	332	1317	597
21	995	891	171	661	1162	442	338	1312	603	730
1001	886	166	667	1157	448	333	1318	598	736	16
881	172	662	1163	443	339	1313	604	731	22	996
167	668	1158	449	334	1319	599	737	17	991	887
663	1164	444	340	1314	605	732	12	997	882	173

图 15-31 截面方阵 C_6

(7)

743	23	1008	893	184	674	1175	455	351	1325	495
29	1003	899	179	680	1170	461	346	1331	490	738
1009	894	185	675	1176	456	352	1326	485	744	24
900	180	681	1171	462	347	1321	491	739	30	1004
186	676	1177	457	342	1327	486	745	25	1010	895
682	1172	452	348	1322	492	740	31	1005	901	181
1167	458	343	1328	487	746	26	1011	896	187	677
453	349	1323	493	741	32	1006	902	182	672	1173
344	1329	488	747	27	1012	897	177	678	1168	459
1324	494	742	33	1007	892	183	673	1174	454	350
489	748	28	1002	898	178	679	1169	460	345	1330

图 15-32 截面方阵 C_7

(8)

690	1180	471	356	1220	500	759	39	1013	909	189
1186	466	362	1215	506	754	34	1019	904	195	685
472	357	1221	501	749	40	1014	910	190	691	1181
363	1216	496	755	35	1020	905	196	686	1187	467
1211	502	750	41	1015	911	191	692	1182	473	358
497	756	36	1021	906	197	687	1188	468	353	1217
751	42	1016	912	192	693	1183	463	359	1212	503
37	1022	907	198	688	1178	469	354	1218	498	757
1017	913	193	683	1184	464	360	1213	504	752	43
908	188	689	1179	470	355	1219	499	758	38	1023
194	684	1185	465	361	1214	505	753	44	1018	903

图 15-33 截面方阵 C_8

(9)

516	764	55	1029	914	205	695	1196	476	251	1225
770	50	1024	920	200	701	1191	482	246	1231	511
45	1030	915	206	696	1197	477	252	1226	517	765
1025	921	201	702	1192	483	247	1232	512	760	51
916	207	697	1198	478	253	1227	507	766	46	1031
202	703	1193	484	248	1222	513	761	52	1026	922
698	1199	479	243	1228	508	767	47	1032	917	208
1194	474	249	1223	514	762	53	1027	923	203	704
480	244	1229	509	768	48	1033	918	209	699	1189
250	1224	515	763	54	1028	924	204	694	1195	475
1230	510	769	49	1034	919	199	700	1190	481	245

图 15-34 截面方阵 C_9

(10)

210	711	1201	371	256	1241	521	780	60	1045	930
706	1207	366	262	1236	527	775	66	1040	925	216
1202	372	257	1242	522	781	61	1035	931	211	712
367	263	1237	528	776	56	1041	926	217	707	1208
258	1243	523	771	62	1036	932	212	713	1203	373
1238	518	777	57	1042	927	218	708	1209	368	264
524	772	63	1037	933	213	714	1204	374	259	1233
778	58	1043	928	219	709	1210	369	254	1239	519
64	1038	934	214	715	1205	364	260	1234	525	773
1044	929	220	710	1200	370	255	1240	520	779	59
935	215	705	1206	365	261	1235	526	774	65	1039

图 15-35 截面方阵 C_{10}

(11)

1246	537	785	76	1050	946	226	716	1096	376	272
532	791	71	1056	941	221	722	1091	382	267	1252
786	77	1051	936	227	717	1097	377	273	1247	538
72	1046	942	222	723	1092	383	268	1253	533	792
1052	937	228	718	1098	378	274	1248	539	787	67
943	223	724	1093	384	269	1254	534	782	73	1047
229	719	1099	379	275	1249	529	788	68	1053	938
725	1094	385	270	1244	535	783	74	1048	944	224
1100	380	265	1250	530	789	69	1054	939	230	720
375	271	1245	536	784	75	1049	945	225	726	1095
266	1251	531	790	70	1055	940	231	721	1090	381

图 15-36　截面方阵 C_{11}

由上述 k（$k = 1,2,\cdots,11$）个截面 C_k 组成的是一个 11 阶空间对称完美幻立方，由 1 ～ 1331 的自然数所组成，其 11^2 个行，11^2 个列，11^2 个纵列以及四条空间对角线及与其同方向的空间泛对角线上的 11 个数字之和都等于 $\frac{11}{2}\left(11^3+1\right)=7326$ 即幻立方常数．即有 $11^2+11^2+11^2+4\times11=407$ 组数字之和都等于 $\frac{11}{2}\left(11^3+1\right)=7326$．空间中心对称位置上两个数字的和都等于 $11^3+1=1332$．读者可随机抽验一下，很有意思的．

由以上方法得到的截面方阵 $C_1 \sim C_{11}$ 组成的数字立方阵 C 是一个 11 阶空间对称完美幻立方，文 [10] 中已给出理论证明．但若用其他方法得出一个由 11 个截面方阵 $C_1 \sim C_{11}$ 组成的数字立方阵 C，为了确定数字立方阵 C 就是一个 11 阶空间对称完美幻立方，我们还需检查 11^2 个纵列上的 11 个数字之和是否都等于 $\frac{11}{2}\left(11^3+1\right)=7326$，这是至关重要的．这里呈现在你面前的是数字立方阵 C 以 k 轴为法线方向的 k（$k = 1,2,\cdots,11$）个截面．

上述三步法中第一步有 $\left(2^5(5!)\right)^2$ 种选择，第二步有 $2^5(5!)$ 种选择，所以三步法可得出 $\left(2^5(5!)\right)^3=(3840)^3=56623104000$ 个不同的 11 阶空间对称完美幻立方．

15.2　奇数阶空间对称完美幻立方

构造奇数 $n=2m+1$（m 为 $m \neq 3t+1$ 且 $m \neq 5s+2$　$t, s = 0,1,2,\cdots$ 的自然数）阶空间对称完美幻立方的三步法 [10]：

第一步，按文[1]构造奇数 $n=2m+1$（m 为 $m \neq 3t+1$ $t = 0,1,2,\cdots$ 的自然数）阶对称完美幻方方法的第一步，构造 $n \times n$ 基方阵 A. 基方阵 A 位于第 i 行，第 j 列的元素为 $a(i,j)$ $(i,j=1,2,\cdots,n)$ 由于基方阵 A 是一个中心对称方阵，我们有

$$a(i,j) + a(n+1-i,n+1-j) = n^2 + 1 \quad (i,j=1,2,\cdots,n).$$

第二步，构造以 k 轴为法线方向的第 k（$k=1,2,\cdots,n$）个截面的基方阵 B_k，B_k 位于第 i 行、第 j 列的元素为 $b(k,i,j)$.

以 $p(k,j)$ 表示基方阵 B_k 的基数， $p(k,j) = [a(k,j)-1] \cdot n + d_1$（$k=1,2,\cdots,n$ $j=1,2,\cdots,n$）把 $p(k,r(k+m+2-i))$（$k=1,2,\cdots,n$ $i=1,2,\cdots,n$）置于第 k（$k=1,2,\cdots,n$）个截面位于第 i 行，第 $r(k+m+2-i)$ 列的位置，各列基数及基数随后的 $n-1$ 个数按选定的同样顺序安装.

$$b(k,i,j) = [a(k,j)-1] \cdot n + d_{r(m+i+j-k)} \quad (k=1,2,\cdots,n \ ; \ i=1,2,\cdots,n \ ; \ j=1,2,\cdots,n)$$

要求 $d_n = m+1$ $d_t + d_{n-t} = n+1$ 其中 $t = 1,\cdots,n-1$

第三步，与构造空间完美幻立方步骤的第三步相同，即第 k 个截面的基方阵 B_k 第 i 行的元素按余函数 $r(t)$ 的规则右移 $r((k-m)(m+1)-i)$（$i=1,2,\cdots,n$）个位置得截面方阵 C_k（$k=1,2,\cdots,n$）

按 k 由小到大的顺序，此 k 个截面组成的数字立方阵 C 就是一个奇数 $n=2m+1$（m 为 $m \neq 3t+1$ 且 $m \neq 5s+2$ $t,s = 0,1,2,\cdots$ 的自然数）阶空间对称完美幻立方.

构造空间对称完美幻立方步骤第一步中基方阵 A 有 $(2^m(m!))^2$ 种不同的选择，其第二步各列基数及随后共 n 个数的安装顺序有 $2^m(m!)$ 种不同的选择，所以按该构造法可得出 $(2^m(m!))^3$ 个不同的奇数 $n=2m+1$（m 为 $m \neq 3t+1$ 且 $m \neq 5s+2$ $t,s = 0,1,2,\cdots$ 的自然数）阶空间对称完美幻立方.

第16章 双偶数阶空间更完美的幻立方

本章所要构造的双偶数 $n=4m$（$m=1,2,\cdots$ 为自然数）阶空间更完美的幻立方，是四条空间对角线及与其同方向的空间泛对角线上 n 个数字之和都等于幻立方常数 $\dfrac{n}{2}(n^3+1)$ 的幻立方，四条空间对角线及与其同方向的空间泛对角线上相隔 $2m$ 个位置的两个数字之和都等于 n^3+1.

16.1　12 阶空间更完美的幻立方

16.1.1　如何构造一个 12 阶空间更完美的幻立方？

第一步，根据构造双偶数阶最完美幻方的三步法，构造一个由 $1\sim144$ 的自然数组成的 12 阶最完美幻方 A，各列的数是按事先选定的顺序安装的，得 12 阶最完美幻方 A，如图 16-1 所示.

4	21	28	45	52	69	136	129	112	105	88	81
143	122	119	98	95	74	11	14	35	38	59	62
6	19	30	43	54	67	138	127	114	103	90	79
135	130	111	106	87	82	3	22	27	46	51	70
8	17	32	41	56	65	140	125	116	101	92	77
133	132	109	108	85	84	1	24	25	48	49	72
9	16	33	40	57	64	141	124	117	100	93	76
134	131	110	107	86	83	2	23	26	47	50	71
7	18	31	42	55	66	139	126	115	102	91	78
142	123	118	99	94	75	10	15	34	39	58	63
5	20	29	44	53	68	137	128	113	104	89	80
144	121	120	97	96	73	12	13	36	37	60	61

图 16-1　12 阶最完美幻方 A

记 12 阶最完美幻方 A 位于第 i 行第 j 列的元素为 $a(i, j)$ 其中 $i, j=1, 2, \cdots, 12$

第二步，构造以 k 轴为法线方向的第 k（$k=1, 2, \cdots, 12$）个截面的基方阵 B_k，B_k 位于第 i 行，第 j 列的元素为 $b(k, i, j)$.

（1）构造基方阵 B_1，首先要取定基方阵 B_1 的基数.

取 12 阶最完美幻方 A 的第 1 行作为一个 1×12 的长方阵，如图 16-2 所示.

4	21	28	45	52	69	136	129	112	105	88	81

图 16-2　1×12 的长方阵

上述长方阵的数减 1 再乘以 12 然后加 1 称之为基数，得由基方阵 B_1 的基数组成的长方阵，如图 16-3 所示.

37	241	325	529	613	817	1621	1537	1333	1249	1045	961

图 16-3　基数组成的长方阵

把图 16-3 中的基数作为基方阵 B_1 的基数置于基方阵 B_1 的灰色方格中，按构造 12 阶最完美幻方 A 时同样的顺序安装各列的数，得基方阵 B_1 如图 16-4 所示.

40	249	328	537	616	825	1624	1545	1336	1257	1048	969
47	242	335	530	623	818	1631	1538	1343	1250	1055	962
42	247	330	535	618	823	1626	1543	1338	1255	1050	967
39	250	327	538	615	826	1623	1546	1335	1258	1047	970
44	245	332	533	620	821	1628	1541	1340	1253	1052	965
37	252	325	540	613	828	1621	1548	1333	1260	1045	972
48	241	336	529	624	817	1632	1537	1344	1249	1056	961
41	248	329	536	617	824	1625	1544	1337	1256	1049	968
46	243	334	531	622	819	1630	1539	1342	1251	1054	963
43	246	331	534	619	822	1627	1542	1339	1254	1051	966
38	251	326	539	614	827	1622	1547	1334	1259	1046	971
45	244	333	532	621	820	1629	1540	1341	1252	1053	964

图 16-4　基方阵 B_1

（2）构造基方阵 B_2，首先要取定基方阵 B_2 的基数.

取 12 阶最完美幻方 A 的第 2 行作为一个 1×12 的长方阵, 如图 16-5 所示.

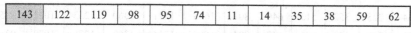

图 16–5　1×12 的长方阵

上述长方阵的数减 1 再乘以 12 然后加 1 称之为基数, 得由基方阵 B_2 的基数组成的长方阵, 如图 16-6 所示.

1705	1453	1417	1165	1129	877	121	157	409	445	697	733

图 16–6　基数组成的长方阵

把图 16-6 中的基数作为基方阵 B_2 的基数置于基方阵 B_2 的灰色方格中, 按构造 12 阶最完美幻方 A 时同样的顺序安装各列的数, 得基方阵 B_2 如图 16-7 所示.

1708	1461	1420	1173	1132	885	124	165	412	453	700	741
1715	1454	1427	1166	1139	878	131	158	419	446	707	734
1710	1459	1422	1171	1134	883	126	163	414	451	702	739
1707	1462	1419	1174	1131	886	123	166	411	454	699	742
1712	1457	1424	1169	1136	881	128	161	416	449	704	737
1705	1464	1417	1176	1129	888	121	168	409	456	697	744
1716	1453	1428	1165	1140	877	132	157	420	445	708	733
1709	1460	1421	1172	1133	884	125	164	413	452	701	740
1714	1455	1426	1167	1138	879	130	159	418	447	706	735
1711	1458	1423	1170	1135	882	127	162	415	450	703	738
1706	1463	1418	1175	1130	887	122	167	410	455	698	743
1713	1456	1425	1168	1137	880	129	160	417	448	705	736

图 16–7　基方阵 B_2

(3) 构造基方阵 B_3.

取定基方阵 B_3 的基数的过程如图 16-8 所示.

6	19	30	43	54	67	138	127	114	103	90	79

61	217	349	505	637	793	1645	1513	1357	1225	1069	937

图 16–8　取定基方阵 B_3 的基数的过程

基方阵 B_3 如图 16-9 所示.

64	225	352	513	640	801	1648	1521	1360	1233	1072	945
71	218	359	506	647	794	1655	1514	1367	1226	1079	938
66	223	354	511	642	799	1650	1519	1362	1231	1074	943
63	226	351	514	639	802	1647	1522	1359	1234	1071	946
68	221	356	509	644	797	1652	1517	1364	1229	1076	941
61	228	349	516	637	804	1645	1524	1357	1236	1069	948
72	217	360	505	648	793	1656	1513	1368	1225	1080	937
65	224	353	512	641	800	1649	1520	1361	1232	1073	944
70	219	358	507	646	795	1654	1515	1366	1227	1078	939
67	222	355	510	643	798	1651	1518	1363	1230	1075	942
62	227	350	515	638	803	1646	1523	1358	1235	1070	947
69	220	357	508	645	796	1653	1516	1365	1228	1077	940

图 16-9　基方阵 B_3

(4) 构造基方阵 B_4.

取定基方阵 B_4 的基数的过程如图 16-10 所示.

135	130	111	106	87	82	3	22	27	46	51	70
1609	1549	1321	1261	1033	973	25	253	313	541	601	829

图 16-10　取定基方阵 B_4 的基数的过程

基方阵 B_4 如图 16-11 所示.

1612	1557	1324	1269	1036	981	28	261	316	549	604	837
1619	1550	1331	1262	1043	974	35	254	323	542	611	830
1614	1555	1326	1267	1038	979	30	259	318	547	606	835
1611	1558	1323	1270	1035	982	27	262	315	550	603	838
1616	1553	1328	1265	1040	977	32	257	320	545	608	833
1609	1560	1321	1272	1033	984	25	264	313	552	601	840
1620	1549	1332	1261	1044	973	36	253	324	541	612	829
1613	1556	1325	1268	1037	980	29	260	317	548	605	836
1618	1551	1330	1263	1042	975	34	255	322	543	610	831
1615	1554	1327	1266	1039	978	31	258	319	546	607	834
1610	1559	1322	1271	1034	983	26	263	314	551	602	839
1617	1552	1329	1264	1041	976	33	256	321	544	609	832

图 16-11　基方阵 B_4

(5) 构造基方阵 B_5.

取定基方阵 B_5 的基数的过程如图 16-12 所示.

8	17	32	41	56	65	140	125	116	101	92	77

85	193	373	481	661	769	1669	1489	1381	1201	1093	913

图 16-12　取定基方阵 B_5 的基数的过程

基方阵 B_5 如图 16-13 所示.

88	201	376	489	664	777	1672	1497	1384	1209	1096	921
95	194	383	482	671	770	1679	1490	1391	1202	1103	914
90	199	378	487	666	775	1674	1495	1386	1207	1098	919
87	202	375	490	663	778	1671	1498	1383	1210	1095	922
92	197	380	485	668	773	1676	1493	1388	1205	1100	917
85	204	373	492	661	780	1669	1500	1381	1212	1093	924
96	193	384	481	672	769	1680	1489	1392	1201	1104	913
89	200	377	488	665	776	1673	1496	1385	1208	1097	920
94	195	382	483	670	771	1678	1491	1390	1203	1102	915
91	198	379	486	667	774	1675	1494	1387	1206	1099	918
86	203	374	491	662	779	1670	1499	1382	1211	1094	923
93	196	381	484	669	772	1677	1492	1389	1204	1101	916

图 16-13　基方阵 B_5

(6) 构造基方阵 B_6.

取定基方阵 B_6 的基数的过程如图 16-14 所示.

133	132	109	108	85	84	1	24	25	48	49	72

1585	1573	1297	1285	1009	997	1	277	289	565	577	853

图 16-14　取定基方阵 B_6 的基数的过程

基方阵 B_6 如图 16-15 所示.

1588	1581	1300	1293	1012	1005	4	285	292	573	580	861
1595	1574	1307	1286	1019	998	11	278	299	566	587	854
1590	1579	1302	1291	1014	1003	6	283	294	571	582	859
1587	1582	1299	1294	1011	1006	3	286	291	574	579	862
1592	1577	1304	1289	1016	1001	8	281	296	569	584	857
1585	1584	1297	1296	1009	1008	1	288	289	576	577	864
1596	1573	1308	1285	1020	997	12	277	300	565	588	853
1589	1580	1301	1292	1013	1004	5	284	293	572	581	860
1594	1575	1306	1287	1018	999	10	279	298	567	586	855
1591	1578	1303	1290	1015	1002	7	282	295	570	583	858
1586	1583	1298	1295	1010	1007	2	287	290	575	578	863
1593	1576	1305	1288	1017	1000	9	280	297	568	585	856

图 16-15　基方阵 B_6

(7) 构造基方阵 B_7.

取定基方阵 B_7 的基数的过程如图 16-16 所示.

9	16	33	40	57	64	141	124	117	100	93	76

97	181	385	469	673	757	1681	1477	1393	1189	1105	901

图 16-16　取定基方阵 B_7 的基数的过程

基方阵 B_7 如图 16-17 所示.

100	189	388	477	676	765	1684	1485	1396	1197	1108	909
107	182	395	470	683	758	1691	1478	1403	1190	1115	902
102	187	390	475	678	763	1686	1483	1398	1195	1110	907
99	190	387	478	675	766	1683	1486	1395	1198	1107	910
104	185	392	473	680	761	1688	1481	1400	1193	1112	905
97	192	385	480	673	768	1681	1488	1393	1200	1105	912
108	181	396	469	684	757	1692	1477	1404	1189	1116	901
101	188	389	476	677	764	1685	1484	1397	1196	1109	908
106	183	394	471	682	759	1690	1479	1402	1191	1114	903
103	186	391	474	679	762	1687	1482	1399	1194	1111	906
98	191	386	479	674	767	1682	1487	1394	1199	1106	911
105	184	393	472	681	760	1689	1480	1401	1192	1113	904

图 16-17　基方阵 B_7

(8) 构造基方阵 B_8.

取定基方阵 B_8 的基数的过程如图 16-18 所示.

134	131	110	107	86	83	2	23	26	47	50	71

1597	1561	1309	1273	1021	985	13	265	301	553	589	841

图 16-18 取定基方阵 B_8 的基数的过程

基方阵 B_8 如图 16-19 所示.

1600	1569	1312	1281	1024	993	16	273	304	561	592	849
1607	1562	1319	1274	1031	986	23	266	311	554	599	842
1602	1567	1314	1279	1026	991	18	271	306	559	594	847
1599	1570	1311	1282	1023	994	15	274	303	562	591	850
1604	1565	1316	1277	1028	989	20	269	308	557	596	845
1597	1572	1309	1284	1021	996	13	276	301	564	589	852
1608	1561	1320	1273	1032	985	24	265	312	553	600	841
1601	1568	1313	1280	1025	992	17	272	305	560	593	848
1606	1563	1318	1275	1030	987	22	267	310	555	598	843
1603	1566	1315	1278	1027	990	19	270	307	558	595	846
1598	1571	1310	1283	1022	995	14	275	302	563	590	851
1605	1564	1317	1276	1029	988	21	268	309	556	597	844

图 16-19 基方阵 B_8

(9) 构造基方阵 B_9.

取定基方阵 B_9 的基数的过程如图 16-20 所示.

7	18	31	42	55	66	139	126	115	102	91	78

73	205	361	493	649	781	1657	1501`	1369	1213	1081	925

图 16-20 取定基方阵 B_9 的基数的过程

基方阵 B_9 如图 16-21 所示.

76	213	364	501	652	789	1660	1509	1372	1221	1084	933
83	206	371	494	659	782	1667	1502	1379	1214	1091	926
78	211	366	499	654	787	1662	1507	1374	1219	1086	931
75	214	363	502	651	790	1659	1510	1371	1222	1083	934
80	209	368	497	656	785	1664	1505	1376	1217	1088	929
73	216	361	504	649	792	1657	1512	1369	1224	1081	936
84	205	372	493	660	781	1668	1501	1380	1213	1092	925
77	212	365	500	653	788	1661	1508	1373	1220	1085	932
82	207	370	495	658	783	1666	1503	1378	1215	1090	927
79	210	367	498	655	786	1663	1506	1375	1218	1087	930
74	215	362	503	650	791	1658	1511	1370	1223	1082	935
81	208	369	496	657	784	1665	1504	1377	1216	1089	928

图 16-21 基方阵 B_9

(10) 构造基方阵 B_{10}.

取定基方阵 B_{10} 的基数的过程如图 16-22 所示.

142	123	118	99	94	75	10	15	34	39	58	63

1693	1465	1405	1177	1117	889	109	169	397	457	685	745

图 16-22 取定基方阵 B_{10} 的基数的过程

基方阵 B_{10} 如图 16-23 所示.

1696	1473	1408	1185	1120	897	112	177	400	465	688	753
1703	1466	1415	1178	1127	890	119	170	407	458	695	746
1698	1471	1410	1183	1122	895	114	175	402	463	690	751
1695	1474	1407	1186	1119	898	111	178	399	466	687	754
1700	1469	1412	1181	1124	893	116	173	404	461	692	749
1693	1476	1405	1188	1117	900	109	180	397	468	685	756
1704	1465	1416	1177	1128	889	120	169	408	457	696	745
1697	1472	1409	1184	1121	896	113	176	401	464	689	752
1702	1467	1414	1179	1126	891	118	171	406	459	694	747
1699	1470	1411	1182	1123	894	115	174	403	462	691	750
1694	1475	1406	1187	1118	899	110	179	398	467	686	755
1701	1468	1413	1180	1125	892	117	172	405	460	693	748

图 16-23 基方阵 B_{10}

⑾ 构造基方阵 B_{11}.

取定基方阵 B_{11} 的基数的过程如图 16-24 所示.

5	20	29	44	53	68	137	128	113	104	89	80

49	229	337	517	625	805	1633	1525	1345	1237	1057	949

图 16-24　取定基方阵 B_{11} 的基数的过程

基方阵 B_{11} 如图 16-25 所示.

52	237	340	525	628	813	1636	1533	1348	1245	1060	957
59	230	347	518	635	806	1643	1526	1355	1238	1067	950
54	235	342	523	630	811	1638	1531	1350	1243	1062	955
51	238	339	526	627	814	1635	1534	1347	1246	1059	958
56	233	344	521	632	809	1640	1529	1352	1241	1064	953
49	240	337	528	625	816	1633	1536	1345	1248	1057	960
60	229	348	517	636	805	1644	1525	1356	1237	1068	949
53	236	341	524	629	812	1637	1532	1349	1244	1061	956
58	231	346	519	634	807	1642	1527	1354	1239	1066	951
55	234	343	522	631	810	1639	1530	1351	1242	1063	954
50	239	338	527	626	815	1634	1535	1346	1247	1058	959
57	232	345	520	633	808	1641	1528	1353	1240	1065	952

图 16-25　基方阵 B_{11}

⑿ 构造基方阵 B_{12}.

取定基方阵 B_{12} 的基数的过程如图 16-26 所示.

144	121	120	97	96	73	12	13	36	37	60	61

1717	1441	1429	1153	1141	865	133	145	421	433	709	721

图 16-26　取定基方阵 B_{12} 的基数的过程

基方阵 B_{12} 如图 16-27 所示.

1720	1449	1432	1161	1144	873	136	153	424	441	712	729
1727	1442	1439	1154	1151	866	143	146	431	434	719	722
1722	1447	1434	1159	1146	871	138	151	426	439	714	727
1719	1450	1431	1162	1143	874	135	154	423	442	711	730
1724	1445	1436	1157	1148	869	140	149	428	437	716	725
1717	1452	1429	1164	1141	876	133	156	421	444	709	732
1728	1441	1440	1153	1152	865	144	145	432	433	720	721
1721	1448	1433	1160	1145	872	137	152	425	440	713	728
1726	1443	1438	1155	1150	867	142	147	430	435	718	723
1723	1446	1435	1158	1147	870	139	150	427	438	715	726
1718	1451	1430	1163	1142	875	134	155	422	443	710	731
1725	1444	1437	1156	1149	868	141	148	429	436	717	724

图 16-27　基方阵 B_{12}

第三步, 对第 k（$k = 1,2,\cdots,12$）个截面的基方阵 B_k 做行变换, 基方阵 B_k 上半部分不变, 第 7 ~ 12 行依次作为新方阵的第 12 ~ 7 行, 所得方阵记为 C_k. 行变换后所得方阵 C_1 ~ C_{12} 依次如图 16-28 至图 16-39 所示.

(1)

40	249	328	537	616	825	1624	1545	1336	1257	1048	969
47	242	335	530	623	818	1631	1538	1343	1250	1055	962
42	247	330	535	618	823	1626	1543	1338	1255	1050	967
39	250	327	538	615	826	1623	1546	1335	1258	1047	970
44	245	332	533	620	821	1628	1541	1340	1253	1052	965
37	252	325	540	613	828	1621	1548	1333	1260	1045	972
45	244	333	532	621	820	1629	1540	1341	1252	1053	964
38	251	326	539	614	827	1622	1547	1334	1259	1046	971
43	246	331	534	619	822	1627	1542	1339	1254	1051	966
46	243	334	531	622	819	1630	1539	1342	1251	1054	963
41	248	329	536	617	824	1625	1544	1337	1256	1049	968
48	241	336	529	624	817	1632	1537	1344	1249	1056	961

图 16-28　行变换后所得方阵 C_1

(2)

1708	1461	1420	1173	1132	885	124	165	412	453	700	741
1715	1454	1427	1166	1139	878	131	158	419	446	707	734
1710	1459	1422	1171	1134	883	126	163	414	451	702	739
1707	1462	1419	1174	1131	886	123	166	411	454	699	742
1712	1457	1424	1169	1136	881	128	161	416	449	704	737
1705	1464	1417	1176	1129	888	121	168	409	456	697	744
1713	1456	1425	1168	1137	880	129	160	417	448	705	736
1706	1463	1418	1175	1130	887	122	167	410	455	698	743
1711	1458	1423	1170	1135	882	127	162	415	450	703	738
1714	1455	1426	1167	1138	879	130	159	418	447	706	735
1709	1460	1421	1172	1133	884	125	164	413	452	701	740
1716	1453	1428	1165	1140	877	132	157	420	445	708	733

图 16-29　行变换后所得方阵 C_2

(3)

64	225	352	513	640	801	1648	1521	1360	1233	1072	945
71	218	359	506	647	794	1655	1514	1367	1226	1079	938
66	223	354	511	642	799	1650	1519	1362	1231	1074	943
63	226	351	514	639	802	1647	1522	1359	1234	1071	946
68	221	356	509	644	797	1652	1517	1364	1229	1076	941
61	228	349	516	637	804	1645	1524	1357	1236	1069	948
69	220	357	508	645	796	1653	1516	1365	1228	1077	940
62	227	350	515	638	803	1646	1523	1358	1235	1070	947
67	222	355	510	643	798	1651	1518	1363	1230	1075	942
70	219	358	507	646	795	1654	1515	1366	1227	1078	939
65	224	353	512	641	800	1649	1520	1361	1232	1073	944
72	217	360	505	648	793	1656	1513	1368	1225	1080	937

图 16-30　行变换后所得方阵 C_3

(4)

1612	1557	1324	1269	1036	981	28	261	316	549	604	837
1619	1550	1331	1262	1043	974	35	254	323	542	611	830
1614	1555	1326	1267	1038	979	30	259	318	547	606	835
1611	1558	1323	1270	1035	982	27	262	315	550	603	838
1616	1553	1328	1265	1040	977	32	257	320	545	608	833
1609	1560	1321	1272	1033	984	25	264	313	552	601	840
1617	1552	1329	1264	1041	976	33	256	321	544	609	832
1610	1559	1322	1271	1034	983	26	263	314	551	602	839
1615	1554	1327	1266	1039	978	31	258	319	546	607	834
1618	1551	1330	1263	1042	975	34	255	322	543	610	831
1613	1556	1325	1268	1037	980	29	260	317	548	605	836
1620	1549	1332	1261	1044	973	36	253	324	541	612	829

图 16-31　行变换后所得方阵 C_4

(5)

88	201	376	489	664	777	1672	1497	1384	1209	1096	921
95	194	383	482	671	770	1679	1490	1391	1202	1103	914
90	199	378	487	666	775	1674	1495	1386	1207	1098	919
87	202	375	490	663	778	1671	1498	1383	1210	1095	922
92	197	380	485	668	773	1676	1493	1388	1205	1100	917
85	204	373	492	661	780	1669	1500	1381	1212	1093	924
93	196	381	484	669	772	1677	1492	1389	1204	1101	916
86	203	374	491	662	779	1670	1499	1382	1211	1094	923
91	198	379	486	667	774	1675	1494	1387	1206	1099	918
94	195	382	483	670	771	1678	1491	1390	1203	1102	915
89	200	377	488	665	776	1673	1496	1385	1208	1097	920
96	193	384	481	672	769	1680	1489	1392	1201	1104	913

图 16-32　行变换后所得方阵 C_5

(6)

1588	1581	1300	1293	1012	1005	4	285	292	573	580	861
1595	1574	1307	1286	1019	998	11	278	299	566	587	854
1590	1579	1302	1291	1014	1003	6	283	294	571	582	859
1587	1582	1299	1294	1011	1006	3	286	291	574	579	862
1592	1577	1304	1289	1016	1001	8	281	296	569	584	857
1585	1584	1297	1296	1009	1008	1	288	289	576	577	864
1593	1576	1305	1288	1017	1000	9	280	297	568	585	856
1586	1583	1298	1295	1010	1007	2	287	290	575	578	863
1591	1578	1303	1290	1015	1002	7	282	295	570	583	858
1594	1575	1306	1287	1018	999	10	279	298	567	586	855
1589	1580	1301	1292	1013	1004	5	284	293	572	581	860
1596	1573	1308	1285	1020	997	12	277	300	565	588	853

图 16-33　行变换后所得方阵 C_6

(7)

100	189	388	477	676	765	1684	1485	1396	1197	1108	909
107	182	395	470	683	758	1691	1478	1403	1190	1115	902
102	187	390	475	678	763	1686	1483	1398	1195	1110	907
99	190	387	478	675	766	1683	1486	1395	1198	1107	910
104	185	392	473	680	761	1688	1481	1400	1193	1112	905
97	192	385	480	673	768	1681	1488	1393	1200	1105	912
105	184	393	472	681	760	1689	1480	1401	1192	1113	904
98	191	386	479	674	767	1682	1487	1394	1199	1106	911
103	186	391	474	679	762	1687	1482	1399	1194	1111	906
106	183	394	471	682	759	1690	1479	1402	1191	1114	903
101	188	389	476	677	764	1685	1484	1397	1196	1109	908
108	181	396	469	684	757	1692	1477	1404	1189	1116	901

图 16-34　行变换后所得方阵 C_7

(8)

1600	1569	1312	1281	1024	993	16	273	304	561	592	849
1607	1562	1319	1274	1031	986	23	266	311	554	599	842
1602	1567	1314	1279	1026	991	18	271	306	559	594	847
1599	1570	1311	1282	1023	994	15	274	303	562	591	850
1604	1565	1316	1277	1028	989	20	269	308	557	596	845
1597	1572	1309	1284	1021	996	13	276	301	564	589	852
1605	1564	1317	1276	1029	988	21	268	309	556	597	844
1598	1571	1310	1283	1022	995	14	275	302	563	590	851
1603	1566	1315	1278	1027	990	19	270	307	558	595	846
1606	1563	1318	1275	1030	987	22	267	310	555	598	843
1601	1568	1313	1280	1025	992	17	272	305	560	593	848
1608	1561	1320	1273	1032	985	24	265	312	553	600	841

图 16-35　行变换后所得方阵 C_8

(9)

76	213	364	501	652	789	1660	1509	1372	1221	1084	933
83	206	371	494	659	782	1667	1502	1379	1214	1091	926
78	211	366	499	654	787	1662	1507	1374	1219	1086	931
75	214	363	502	651	790	1659	1510	1371	1222	1083	934
80	209	368	497	656	785	1664	1505	1376	1217	1088	929
73	216	361	504	649	792	1657	1512	1369	1224	1081	936
81	208	369	496	657	784	1665	1504	1377	1216	1089	928
74	215	362	503	650	791	1658	1511	1370	1223	1082	935
79	210	367	498	655	786	1663	1506	1375	1218	1087	930
82	207	370	495	658	783	1666	1503	1378	1215	1090	927
77	212	365	500	653	788	1661	1508	1373	1220	1085	932
84	205	372	493	660	781	1668	1501	1380	1213	1092	925

图 16-36　行变换后所得方阵 C_9

(10)

1696	1473	1408	1185	1120	897	112	177	400	465	688	753
1703	1466	1415	1178	1127	890	119	170	407	458	695	746
1698	1471	1410	1183	1122	895	114	175	402	463	690	751
1695	1474	1407	1186	1119	898	111	178	399	466	687	754
1700	1469	1412	1181	1124	893	116	173	404	461	692	749
1693	1476	1405	1188	1117	900	109	180	397	468	685	756
1701	1468	1413	1180	1125	892	117	172	405	460	693	748
1694	1475	1406	1187	1118	899	110	179	398	467	686	755
1699	1470	1411	1182	1123	894	115	174	403	462	691	750
1702	1467	1414	1179	1126	891	118	171	406	459	694	747
1697	1472	1409	1184	1121	896	113	176	401	464	689	752
1704	1465	1416	1177	1128	889	120	169	408	457	696	745

图 16-37　行变换后所得方阵 C_{10}

(11)

52	237	340	525	628	813	1636	1533	1348	1245	1060	957
59	230	347	518	635	806	1643	1526	1355	1238	1067	950
54	235	342	523	630	811	1638	1531	1350	1243	1062	955
51	238	339	526	627	814	1635	1534	1347	1246	1059	958
56	233	344	521	632	809	1640	1529	1352	1241	1064	953
49	240	337	528	625	816	1633	1536	1345	1248	1057	960
57	232	345	520	633	808	1641	1528	1353	1240	1065	952
50	239	338	527	626	815	1634	1535	1346	1247	1058	959
55	234	343	522	631	810	1639	1530	1351	1242	1063	954
58	231	346	519	634	807	1642	1527	1354	1239	1066	951
53	236	341	524	629	812	1637	1532	1349	1244	1061	956
60	229	348	517	636	805	1644	1525	1356	1237	1068	949

图 16-38　行变换后所得方阵 C_{11}

⑿

1720	1449	1432	1161	1144	873	136	153	424	441	712	729
1727	1442	1439	1154	1151	866	143	146	431	434	719	722
1722	1447	1434	1159	1146	871	138	151	426	439	714	727
1719	1450	1431	1162	1143	874	135	154	423	442	711	730
1724	1445	1436	1157	1148	869	140	149	428	437	716	725
1717	1452	1429	1164	1141	876	133	156	421	444	709	732
1725	1444	1437	1156	1149	868	141	148	429	436	717	724
1718	1451	1430	1163	1142	875	134	155	422	443	710	731
1723	1446	1435	1158	1147	870	139	150	427	438	715	726
1726	1443	1438	1155	1150	867	142	147	430	435	718	723
1721	1448	1433	1160	1145	872	137	152	425	440	713	728
1728	1441	1440	1153	1152	865	144	145	432	433	720	721

图 16-39　行变换后所得方阵 C_{12}

第四步，第 k（$k = 1,2,\cdots,12$）个截面行变换后所得方阵 C_k 第 i 行的元素按余函数 $r(t)$ 的规则右移 $r(3(i+k-2))$（$i = 1,2,\cdots,12$）个位置得截面方阵 D_k，按 k 由小到大的顺序，此 k 个截面组成的数字立方阵 D 就是一个 12 阶空间更完美的幻立方．截面方阵 $D_1 \sim D_{12}$ 依次如图 16-40 至图 16-51 所示．

⑴

40	249	328	537	616	825	1624	1545	1336	1257	1048	969
1250	1055	962	47	242	335	530	623	818	1631	1538	1343
1626	1543	1338	1255	1050	967	42	247	330	535	618	823
538	615	826	1623	1546	1335	1258	1047	970	39	250	327
44	245	332	533	620	821	1628	1541	1340	1253	1052	965
1260	1045	972	37	252	325	540	613	828	1621	1548	1333
1629	1540	1341	1252	1053	964	45	244	333	532	621	820
539	614	827	1622	1547	1334	1259	1046	971	38	251	326
43	246	331	534	619	822	1627	1542	1339	1254	1051	966
1251	1054	963	46	243	334	531	622	819	1630	1539	1342
1625	1544	1337	1256	1049	968	41	248	329	536	617	824
529	624	817	1632	1537	1344	1249	1056	961	48	241	336

图 16-40　截面方阵 D_1

(2)

453	700	741	1708	1461	1420	1173	1132	885	124	165	412
131	158	419	446	707	734	1715	1454	1427	1166	1139	878
1171	1134	883	126	163	414	451	702	739	1710	1459	1422
1707	1462	1419	1174	1131	886	123	166	411	454	699	742
449	704	737	1712	1457	1424	1169	1136	881	128	161	416
121	168	409	456	697	744	1705	1464	1417	1176	1129	888
1168	1137	880	129	160	417	448	705	736	1713	1456	1425
1706	1463	1418	1175	1130	887	122	167	410	455	698	743
450	703	738	1711	1458	1423	1170	1135	882	127	162	415
130	159	418	447	706	735	1714	1455	1426	1167	1138	879
1172	1133	884	125	164	413	452	701	740	1709	1460	1421
1716	1453	1428	1165	1140	877	132	157	420	445	708	733

图 16-41　截面方阵 D_2

(3)

1648	1521	1360	1233	1072	945	64	225	352	513	640	801
506	647	794	1655	1514	1367	1226	1079	938	71	218	359
66	223	354	511	642	799	1650	1519	1362	1231	1074	943
1234	1071	946	63	226	351	514	639	802	1647	1522	1359
1652	1517	1364	1229	1076	941	68	221	356	509	644	797
516	637	804	1645	1524	1357	1236	1069	948	61	228	349
69	220	357	508	645	796	1653	1516	1365	1228	1077	940
1235	1070	947	62	227	350	515	638	803	1646	1523	1358
1651	1518	1363	1230	1075	942	67	222	355	510	643	798
507	646	795	1654	1515	1366	1227	1078	939	70	219	358
65	224	353	512	641	800	1649	1520	1361	1232	1073	944
1225	1080	937	72	217	360	505	648	793	1656	1513	1368

图 16-42　截面方阵 D_3

(4)

1269	1036	981	28	261	316	549	604	837	1612	1557	1324
1619	1550	1331	1262	1043	974	35	254	323	542	611	830
547	606	835	1614	1555	1326	1267	1038	979	30	259	318
27	262	315	550	603	838	1611	1558	1323	1270	1035	982
1265	1040	977	32	257	320	545	608	833	1616	1553	1328
1609	1560	1321	1272	1033	984	25	264	313	552	601	840
544	609	832	1617	1552	1329	1264	1041	976	33	256	321
26	263	314	551	602	839	1610	1559	1322	1271	1034	983
1266	1039	978	31	258	319	546	607	834	1615	1554	1327
1618	1551	1330	1263	1042	975	34	255	322	543	610	831
548	605	836	1613	1556	1325	1268	1037	980	29	260	317
36	253	324	541	612	829	1620	1549	1332	1261	1044	973

图 16-43　截面方阵 D_4

(5)

88	201	376	489	664	777	1672	1497	1384	1209	1096	921
1202	1103	914	95	194	383	482	671	770	1679	1490	1391
1674	1495	1386	1207	1098	919	90	199	378	487	666	775
490	663	778	1671	1498	1383	1210	1095	922	87	202	375
92	197	380	485	668	773	1676	1493	1388	1205	1100	917
1212	1093	924	85	204	373	492	661	780	1669	1500	1381
1677	1492	1389	1204	1101	916	93	196	381	484	669	772
491	662	779	1670	1499	1382	1211	1094	923	86	203	374
91	198	379	486	667	774	1675	1494	1387	1206	1099	918
1203	1102	915	94	195	382	483	670	771	1678	1491	1390
1673	1496	1385	1208	1097	920	89	200	377	488	665	776
481	672	769	1680	1489	1392	1201	1104	913	96	193	384

图 16-44　截面方阵 D_5

(6)

573	580	861	1588	1581	1300	1293	1012	1005	4	285	292
11	278	299	566	587	854	1595	1574	1307	1286	1019	998
1291	1014	1003	6	283	294	571	582	859	1590	1579	1302
1587	1582	1299	1294	1011	1006	3	286	291	574	579	862
569	584	857	1592	1577	1304	1289	1016	1001	8	281	296
1	288	289	576	577	864	1585	1584	1297	1296	1009	1008
1288	1017	1000	9	280	297	568	585	856	1593	1576	1305
1586	1583	1298	1295	1010	1007	2	287	290	575	578	863
570	583	858	1591	1578	1303	1290	1015	1002	7	282	295
10	279	298	567	586	855	1594	1575	1306	1287	1018	999
1292	1013	1004	5	284	293	572	581	860	1589	1580	1301
1596	1573	1308	1285	1020	997	12	277	300	565	588	853

图 16–45　截面方阵 D_6

(7)

1684	1485	1396	1197	1108	909	100	189	388	477	676	765
470	683	758	1691	1478	1403	1190	1115	902	107	182	395
102	187	390	475	678	763	1686	1483	1398	1195	1110	907
1198	1107	910	99	190	387	478	675	766	1683	1486	1395
1688	1481	1400	1193	1112	905	104	185	392	473	680	761
480	673	768	1681	1488	1393	1200	1105	912	97	192	385
105	184	393	472	681	760	1689	1480	1401	1192	1113	904
1199	1106	911	98	191	386	479	674	767	1682	1487	1394
1687	1482	1399	1194	1111	906	103	186	391	474	679	762
471	682	759	1690	1479	1402	1191	1114	903	106	183	394
101	188	389	476	677	764	1685	1484	1397	1196	1109	908
1189	1116	901	108	181	396	469	684	757	1692	1477	1404

图 16–46　截面方阵 D_7

(8)

1281	1024	993	16	273	304	561	592	849	1600	1569	1312
1607	1562	1319	1274	1031	986	23	266	311	554	599	842
559	594	847	1602	1567	1314	1279	1026	991	18	271	306
15	274	303	562	591	850	1599	1570	1311	1282	1023	994
1277	1028	989	20	269	308	557	596	845	1604	1565	1316
1597	1572	1309	1284	1021	996	13	276	301	564	589	852
556	597	844	1605	1564	1317	1276	1029	988	21	268	309
14	275	302	563	590	851	1598	1571	1310	1283	1022	995
1278	1027	990	19	270	307	558	595	846	1603	1566	1315
1606	1563	1318	1275	1030	987	22	267	310	555	598	843
560	593	848	1601	1568	1313	1280	1025	992	17	272	305
24	265	312	553	600	841	1608	1561	1320	1273	1032	985

图 16-47　截面方阵 D_8

(9)

76	213	364	501	652	789	1660	1509	1372	1221	1084	933
1214	1091	926	83	206	371	494	659	782	1667	1502	1379
1662	1507	1374	1219	1086	931	78	211	366	499	654	787
502	651	790	1659	1510	1371	1222	1083	934	75	214	363
80	209	368	497	656	785	1664	1505	1376	1217	1088	929
1224	1081	936	73	216	361	504	649	792	1657	1512	1369
1665	1504	1377	1216	1089	928	81	208	369	496	657	784
503	650	791	1658	1511	1370	1223	1082	935	74	215	362
79	210	367	498	655	786	1663	1506	1375	1218	1087	930
1215	1090	927	82	207	370	495	658	783	1666	1503	1378
1661	1508	1373	1220	1085	932	77	212	365	500	653	788
493	660	781	1668	1501	1380	1213	1092	925	84	205	372

图 16-48　截面方阵 D_9

(10)

465	688	753	1696	1473	1408	1185	1120	897	112	177	400
119	170	407	458	695	746	1703	1466	1415	1178	1127	890
1183	1122	895	114	175	402	463	690	751	1698	1471	1410
1695	1474	1407	1186	1119	898	111	178	399	466	687	754
461	692	749	1700	1469	1412	1181	1124	893	116	173	404
109	180	397	468	685	756	1693	1476	1405	1188	1117	900
1180	1125	892	117	172	405	460	693	748	1701	1468	1413
1694	1475	1406	1187	1118	899	110	179	398	467	686	755
462	691	750	1699	1470	1411	1182	1123	894	115	174	403
118	171	406	459	694	747	1702	1467	1414	1179	1126	891
1184	1121	896	113	176	401	464	689	752	1697	1472	1409
1704	1465	1416	1177	1128	889	120	169	408	457	696	745

图 16-49　截面方阵 D_{10}

(11)

1636	1533	1348	1245	1060	957	52	237	340	525	628	813
518	635	806	1643	1526	1355	1238	1067	950	59	230	347
54	235	342	523	630	811	1638	1531	1350	1243	1062	955
1246	1059	958	51	238	339	526	627	814	1635	1534	1347
1640	1529	1352	1241	1064	953	56	233	344	521	632	809
528	625	816	1633	1536	1345	1248	1057	960	49	240	337
57	232	345	520	633	808	1641	1528	1353	1240	1065	952
1247	1058	959	50	239	338	527	626	815	1634	1535	1346
1639	1530	1351	1242	1063	954	55	234	343	522	631	810
519	634	807	1642	1527	1354	1239	1066	951	58	231	346
53	236	341	524	629	812	1637	1532	1349	1244	1061	956
1237	1068	949	60	229	348	517	636	805	1644	1525	1356

图 16-50　截面方阵 D_{11}

(12)

1161	1144	873	136	153	424	441	712	729	1720	1449	1432
1727	1442	1439	1154	1151	866	143	146	431	434	719	722
439	714	727	1722	1447	1434	1159	1146	871	138	151	426
135	154	423	442	711	730	1719	1450	1431	1162	1143	874
1157	1148	869	140	149	428	437	716	725	1724	1445	1436
1717	1452	1429	1164	1141	876	133	156	421	444	709	732
436	717	724	1725	1444	1437	1156	1149	868	141	148	429
134	155	422	443	710	731	1718	1451	1430	1163	1142	875
1158	1147	870	139	150	427	438	715	726	1723	1446	1435
1726	1443	1438	1155	1150	867	142	147	430	435	718	723
440	713	728	1721	1448	1433	1160	1145	872	137	152	425
144	145	432	433	720	721	1728	1441	1440	1153	1152	865

图 16-51　截面方阵 D_{12}

由上述 k（$k = 1,2,\cdots,12$）个截面 D_k 组成的是一个 12 阶空间更完美的幻立方，由 $1 \sim 1728$ 的自然数所组成，其 12^2 个行，12^2 个列，12^2 个纵列以及四条空间对角线及与其同方向的空间泛对角线上的 12 个数字之和都等于 $\dfrac{12}{2}\left(12^3 + 1\right) = 10374$ 即幻立方常数．四条空间对角线及与其同方向的空间泛对角线上相隔 6 个位置上的两个数其和都等于 $12^3 + 1 = 1729$．读者可随机抽验一下，很有意思的．

因为由构造最完美幻方的三步法实际上可构造出 $2^6\left(6\cdot5\cdot4\cdot3\cdot2\cdot1\right)\left(2^6-1\right)\cdot6 = 17418240$ 个不同的 12 阶最完美幻方．而从一个 12 阶最完美幻方出发可构造出一个 12 阶空间更完美的幻立方，所以用上述方法可构造出 17418240 个不同的 12 阶空间更完美的幻立方．

16.2　双偶数阶空间更完美的幻立方

16.2.1　构造 $n = 4m$（$m=1,2,\cdots$为自然数）阶空间更完美的幻立方的四步法 [12]．

第一步，按构造最完美幻方的三步法，构造 $n = 4m$（$m=1,2,\cdots$为自然数）阶最完美幻方 A．构造最完美幻方 A 的基方阵时按事先选定的顺序（可不按自然数顺序）安装各列的数．记最完美幻方 A 位于第 i 行第 j 列的元素为 $a(i,j)$ 其中 $i,j = 1,2,\cdots,n$．

第二步，构造以 k 轴为法线方向的第 k（$k=1,2,\cdots,n$）个截面的基方阵 B_k，B_k 位于第 i 行，第 j 列的元素为 $b(k,i,j)$．

以 $p(k,j)$ 表示基方阵 B_k 的基数，$p(k,j)=[a(k,j)-1]\cdot n+1$（$k=1,2,\cdots,n$　$j=1,2,\cdots,n$），按第一步中选定的同样顺序安装各列的数．

第三步，第 k 个截面的基方阵 B_k（$k=1,2,\cdots,n$）做行变换．基方阵 B_k 的上半部分不变，第 $2m+1\sim4m$ 行依次作为新方阵的第 $4m\sim2m+1$ 行，行变换后所得方阵记为 C_k（$k=1,2,\cdots,n$）．

第四步，第 k 个行变换后所得方阵 C_k（$k=1,2,\cdots,n$）第 i 行的元素按余函数 $r(t)$ 的规则右移 $r(m(i+k-2))$（$i=1,2,\cdots,n$）个位置得截面方阵 D_k．

按 k 由小到大的顺序，此 k 个截面组成的数字立方阵 D 就是一个 $n=4m$（$m=1,2,\cdots$ 为自然数）阶空间更完美的幻立方．

由上述 k（$k=1,2,\cdots,n$）个截面 D_k 组成的是一个 $n=4m$（$m=1,2,\cdots$ 为自然数）阶空间更完美的幻立方，由 $1\sim n^3$ 的自然数所组成，其 n^2 个行，n^2 个列，n^2 个纵列以及四条空间对角线及与其同方向的空间泛对角线上的 n 个数字之和都等于 $\frac{n}{2}(n^3+1)$ 即幻立方常数．四条空间对角线及与其同方向的空间泛对角线上相隔 $2m$ 个位置上的两个数其和都等于 n^3+1．

因为由构造最完美幻方的三步法实际上可构造出 $2^{2m}((2m)!)(2^{2m}-1)(2m)$ 个不同的 $n=4m$（$m=1,2,\cdots$ 为自然数）阶最完美幻方．而从一个 $n=4m$ 阶最完美幻方出发可构造出一个 $n=4m$（$m=1,2,\cdots$ 为自然数）阶空间更完美的幻立方，所以用上述方法可构造出 $2^{2m}((2m)!)(2^{2m}-1)(2m)$ 个不同的 $n=4m$（$m=1,2,\cdots$ 为自然数）阶空间更完美的幻立方．

第17章 构造高阶 f 次幻立方的加法

《你亦可以造幻方》一书第 13 章给出了构造高阶幻方的加法,若 m 阶幻方 A 与 n 阶幻方 B 都是对称的,则所得 mn 阶幻方 C 也是对称的;若幻方 A,幻方 B 是完美的,则幻方 C 也是完美的. 更奇妙的是若幻方 A,幻方 B 是 f 次的,则幻方 C 也是 f 次的. 人们期盼幻立方也存在类似的加法是很自然的,妄想?不,"只有你想不到,没有你做不到",本章给出并讲述的就是构造高阶 f 次幻立方的加法. 还是先通过实例的讲述让读者掌握实际操作方法,再介绍一般方法.

17.1 由加法生成的 12 阶幻立方

已知由截面方阵 A_1, A_2, A_3 构成的 3 阶幻立方 A. 如图 17-1, 图 17-2 和图 17-3 所示.

12	22	8
23	9	10
7	11	24

图 17-1　截面方阵 A_1

26	3	13
1	14	27
15	25	2

图 17-2　截面方阵 A_2

4	17	21
18	19	5
20	6	16

图 17-3　截面方阵 A_3

由截面方阵 B_1, B_2, B_3, B_4 构成的 4 阶幻立方 B. 如图 17-4, 图 17-5, 图 17-6 和图

17-7 所示.

1	32	49	48
47	2	31	50
52	45	4	29
30	51	46	3

图 17-4　截面方阵 B_1

28	53	44	5
6	27	54	43
41	8	25	56
55	42	7	26

图 17-5　截面方阵 B_2

61	36	13	20
19	62	35	14
16	17	64	33
34	15	18	63

图 17-6　截面方阵 B_3

40	9	24	57
58	39	10	23
21	60	37	12
11	22	59	38

图 17-7　截面方阵 B_4

第一步,4 阶幻立方 B 的每一个元素减 1 然后乘 $3^3=27$ 代替原先的元素得由截面方阵 $\hat{B}_1$,$\hat{B}_2$,$\hat{B}_3$,$\hat{B}_4$ 构成的 4 阶幻立方 $\hat{B}$.如图 17-8,图 17-9,图 17-10 和图 17-11 所示.

0	837	1296	1269
1242	27	810	1323
1377	1188	81	756
783	1350	1215	54

图 17-8　截面方阵 $\hat{B}_1$

729	1404	1161	108
135	702	1431	1134
1080	189	648	1485
1458	1107	162	675

图 17-9 截面方阵 $\hat{B}_2$

1620	945	324	513
486	1647	918	351
405	432	1701	864
891	378	459	1674

图 17-10 截面方阵 $\hat{B}_3$

1053	216	621	1512
1539	1026	243	594
540	1593	972	297
270	567	1566	999

图 17-11 截面方阵 $\hat{B}_4$

第二步, 构造 12 阶幻立方 C 的截面方阵 $C_1 \sim C_{12}$.

(1) 由截面方阵 A_1 和截面方阵 $\hat{B}_1$ 构造截面方阵 C_1, 方法是:

截面方阵 C_1 的上面四行, 左边是截面方阵 $\hat{B}_1$ 的元素加截面方阵 A_1 第一行的第一个元素, 中间是截面方阵 $\hat{B}_1$ 的元素加截面方阵 A_1 第一行的第二个元素, 右边是截面方阵 $\hat{B}_1$ 的元素加截面方阵 A_1 第一行的第三个元素.

截面方阵 C_1 的中间四行, 左边是截面方阵 $\hat{B}_1$ 的元素加截面方阵 A_1 第二行的第一个元素, 中间是截面方阵 $\hat{B}_1$ 的元素加截面方阵 A_1 第二行的第二个元素, 右边是截面方阵 $\hat{B}_1$ 的元素加截面方阵 A_1 第二行的第三个元素.

截面方阵 C_1 的下面四行, 左边是截面方阵 $\hat{B}_1$ 的元素加截面方阵 A_1 第三行的第一个元素, 中间是截面方阵 $\hat{B}_1$ 的元素加截面方阵 A_1 第三行的第二个元素, 右边是截面方阵 $\hat{B}_1$ 的元素加截面方阵 A_1 第三行的第三个元素. 所得方阵即截面方阵 C_1, 如图 17-12 所示.

12	849	1308	1281	22	859	1318	1291	8	845	1304	1277
1254	39	822	1335	1264	49	832	1345	1250	35	818	1331
1389	1200	93	768	1399	1210	103	778	1385	1196	89	764
795	1362	1227	66	805	1372	1237	76	791	1358	1223	62
23	860	1319	1292	9	846	1305	1278	10	847	1306	1279
1265	50	833	1346	1251	36	819	1332	1252	37	820	1333
1400	1211	104	779	1386	1197	90	765	1387	1198	91	766
806	1373	1238	77	792	1359	1224	63	793	1360	1225	64
7	844	1303	1276	11	848	1307	1280	24	861	1320	1293
1249	34	817	1330	1253	38	821	1334	1266	51	834	1347
1384	1195	88	763	1388	1199	92	767	1401	1212	105	780
790	1357	1222	61	794	1361	1226	65	807	1374	1239	78

图 17-12　截面方阵 C_1

(2) 按(1)的方法，由截面方阵 A_1 和截面方阵 $\hat{B}_2$ 构造截面方阵 C_2，如图 17-13 所示.

741	1416	1173	120	751	1426	1183	130	737	1412	1169	116
147	714	1443	1146	157	724	1453	1156	143	710	1439	1142
1092	201	660	1497	1102	211	670	1507	1088	197	656	1493
1470	1119	174	687	1480	1129	184	697	1466	1115	170	683
752	1427	1184	131	738	1413	1170	117	739	1414	1171	118
158	725	1454	1157	144	711	1440	1143	145	712	1441	1144
1103	212	671	1508	1089	198	657	1494	1090	199	658	1495
1481	1130	185	698	1467	1116	171	684	1468	1117	172	685
736	1411	1168	115	740	1415	1172	119	753	1428	1185	132
142	709	1438	1141	146	713	1442	1145	159	726	1455	1158
1087	196	655	1492	1091	200	659	1496	1104	213	672	1509
1465	1114	169	682	1469	1118	173	686	1482	1131	186	699

图 17-13　截面方阵 C_2

(3) 按(1)的方法，由截面方阵 A_1 和截面方阵 $\hat{B}_3$ 构造截面方阵 C_3，如图 17-14 所示.

1632	957	336	525	1642	967	346	535	1628	953	332	521
498	1659	930	363	508	1669	940	373	494	1655	926	359
417	444	1713	876	427	454	1723	886	413	440	1709	872
903	390	471	1686	913	400	481	1696	899	386	467	1682
1643	968	347	536	1629	954	333	522	1630	955	334	523
509	1670	941	374	495	1656	927	360	496	1657	928	361
428	455	1724	887	414	441	1710	873	415	442	1711	874
914	401	482	1697	900	387	468	1683	901	388	469	1684
1627	952	331	520	1631	956	335	524	1644	969	348	537
493	1654	925	358	497	1658	929	362	510	1671	942	375
412	439	1708	871	416	443	1712	875	429	456	1725	888
898	385	466	1681	902	389	470	1685	915	402	483	1698

图 17-14　截面方阵 C_3

(4) 按(1)的方法，由截面方阵 A_1 和截面方阵 $\hat{B}_4$ 构造截面方阵 C_4，如图 17-15 所示.

1065	228	633	1524	1075	238	643	1534	1061	224	629	1520
1551	1038	255	606	1561	1048	265	616	1547	1034	251	602
552	1605	984	309	562	1615	994	319	548	1601	980	305
282	579	1578	1011	292	589	1588	1021	278	575	1574	1007
1076	239	644	1535	1062	225	630	1521	1063	226	631	1522
1562	1049	266	617	1548	1035	252	603	1549	1036	253	604
563	1616	995	320	549	1602	981	306	550	1603	982	307
293	590	1589	1022	279	576	1575	1008	280	577	1576	1009
1060	223	628	1519	1064	227	632	1523	1077	240	645	1536
1546	1033	250	601	1550	1037	254	605	1563	1050	267	618
547	1600	979	304	551	1604	983	308	564	1617	996	321
277	574	1573	1006	281	578	1577	1010	294	591	1590	1023

图 17-15　截面方阵 C_4

(5) 按(1)的方法，由截面方阵 A_2 和截面方阵 $\hat{B}_1$ 构造截面方阵 C_5，如图 17-16 所示.

26	863	1322	1295	3	840	1299	1272	13	850	1309	1282
1268	53	836	1349	1245	30	813	1326	1255	40	823	1336
1403	1214	107	782	1380	1191	84	759	1390	1201	94	769
809	1376	1241	80	786	1353	1218	57	796	1363	1228	67
1	838	1297	1270	14	851	1310	1283	27	864	1323	1296
1243	28	811	1324	1256	41	824	1337	1269	54	837	1350
1378	1189	82	757	1391	1202	95	770	1404	1215	108	783
784	1351	1216	55	797	1364	1229	68	810	1377	1242	81
15	852	1311	1284	25	862	1321	1294	2	839	1298	1271
1257	42	825	1338	1267	52	835	1348	1244	29	812	1325
1392	1203	96	771	1402	1213	106	781	1379	1190	83	758
798	1365	1230	69	808	1375	1240	79	785	1352	1217	56

图 17-16 截面方阵 C_5

(6) 按(1)的方法，由截面方阵 A_2 和截面方阵 $\hat{B}_2$ 构造截面方阵 C_6，如图 17-17 所示.

755	1430	1187	134	732	1407	1164	111	742	1417	1174	121
161	728	1457	1160	138	705	1434	1137	148	715	1444	1147
1106	215	674	1511	1083	192	651	1488	1093	202	661	1498
1484	1133	188	701	1461	1110	165	678	1471	1120	175	688
730	1405	1162	109	743	1418	1175	122	756	1431	1188	135
136	703	1432	1135	149	716	1445	1148	162	729	1458	1161
1081	190	649	1486	1094	203	662	1499	1107	216	675	1512
1459	1108	163	676	1472	1121	176	689	1485	1134	189	702
744	1419	1176	123	754	1429	1186	133	731	1406	1163	110
150	717	1446	1149	160	727	1456	1159	137	704	1433	1136
1095	204	663	1500	1105	214	673	1510	1082	191	650	1487
1473	1122	177	690	1483	1132	187	700	1460	1109	164	677

图 17-17 截面方阵 C_6

(7) 按(1)的方法，由截面方阵 A_2 和截面方阵 $\hat{B}_3$ 构造截面方阵 C_7，如图 17-18 所示．

1646	971	350	539	1623	948	327	516	1633	958	337	526
512	1673	944	377	489	1650	921	354	499	1660	931	364
431	458	1727	890	408	435	1704	867	418	445	1714	877
917	404	485	1700	894	381	462	1677	904	391	472	1687
1621	946	325	514	1634	959	338	527	1647	972	351	540
487	1648	919	352	500	1661	932	365	513	1674	945	378
406	433	1702	865	419	446	1715	878	432	459	1728	891
892	379	460	1675	905	392	473	1688	918	405	486	1701
1635	960	339	528	1645	970	349	538	1622	947	326	515
501	1662	933	366	511	1672	943	376	488	1649	920	353
420	447	1716	879	430	457	1726	889	407	434	1703	866
906	393	474	1689	916	403	484	1699	893	380	461	1676

图 17-18　截面方阵 C_7

(8) 按(1)的方法，由截面方阵 A_2 和截面方阵 $\hat{B}_4$ 构造截面方阵 C_8，如图 17-19 所示．

1079	242	647	1538	1056	219	624	1515	1066	229	634	1525
1565	1052	269	620	1542	1029	246	597	1552	1039	256	607
566	1619	998	323	543	1596	975	300	553	1606	985	310
296	593	1592	1025	273	570	1569	1002	283	580	1579	1012
1054	217	622	1513	1067	230	635	1526	1080	243	648	1539
1540	1027	244	595	1553	1040	257	608	1566	1053	270	621
541	1594	973	298	554	1607	986	311	567	1620	999	324
271	568	1567	1000	284	581	1580	1013	297	594	1593	1026
1068	231	636	1527	1078	241	646	1537	1055	218	623	1514
1554	1041	258	609	1564	1051	268	619	1541	1028	245	596
555	1608	987	312	565	1618	997	322	542	1595	974	299
285	582	1581	1014	295	592	1591	1024	272	569	1568	1001

图 17-19　截面方阵 C_8

(9) 按(1)的方法,由截面方阵 A_3 和截面方阵 $\hat{B}_1$ 构造截面方阵 C_9,如图 17-20 所示.

4	841	1300	1273	17	854	1313	1286	21	858	1317	1290
1246	31	814	1327	1259	44	827	1340	1263	48	831	1344
1381	1192	85	760	1394	1205	98	773	1398	1209	102	777
787	1354	1219	58	800	1367	1232	71	804	1371	1236	75
18	855	1314	1287	19	856	1315	1288	5	842	1301	1274
1260	45	828	1341	1261	46	829	1342	1247	32	815	1328
1395	1206	99	774	1396	1207	100	775	1382	1193	86	761
801	1368	1233	72	802	1369	1234	73	788	1355	1220	59
20	857	1316	1289	6	843	1302	1275	16	853	1312	1285
1262	47	830	1343	1248	33	816	1329	1258	43	826	1339
1397	1208	101	776	1383	1194	87	762	1393	1204	97	772
803	1370	1235	74	789	1356	1221	60	799	1366	1231	70

图 17-20 截面方阵 C_9

(10) 按(1)的方法,由截面方阵 A_3 和截面方阵 $\hat{B}_2$ 构造截面方阵 C_{10},如图 17-21 所示.

733	1408	1165	112	746	1421	1178	125	750	1425	1182	129
139	706	1435	1138	152	719	1448	1151	156	723	1452	1155
1084	193	652	1489	1097	206	665	1502	1101	210	669	1506
1462	1111	166	679	1475	1124	179	692	1479	1128	183	696
747	1422	1179	126	748	1423	1180	127	734	1409	1166	113
153	720	1449	1152	154	721	1450	1153	140	707	1436	1139
1098	207	666	1503	1099	208	667	1504	1085	194	653	1490
1476	1125	180	693	1477	1126	181	694	1463	1112	167	680
749	1424	1181	128	735	1410	1167	114	745	1420	1177	124
155	722	1451	1154	141	708	1437	1140	151	718	1447	1150
1100	209	668	1505	1086	195	654	1491	1096	205	664	1501
1478	1127	182	695	1464	1113	168	681	1474	1123	178	691

图 17-21 截面方阵 C_{10}

(11) 按(1)的方法，由截面方阵 A_3 和截面方阵 $\hat{B}_3$ 构造截面方阵 C_{11}，如图 17-22 所示.

1624	949	328	517	1637	962	341	530	1641	966	345	534
490	1651	922	355	503	1664	935	368	507	1668	939	372
409	436	1705	868	422	449	1718	881	426	453	1722	885
895	382	463	1678	908	395	476	1691	912	399	480	1695
1638	963	342	531	1639	964	343	532	1625	950	329	518
504	1665	936	369	505	1666	937	370	491	1652	923	356
423	450	1719	882	424	451	1720	883	410	437	1706	869
909	396	477	1692	910	397	478	1693	896	383	464	1679
1640	965	344	533	1626	951	330	519	1636	961	340	529
506	1667	938	371	492	1653	924	357	502	1663	934	367
425	452	1721	884	411	438	1707	870	421	448	1717	880
911	398	479	1694	897	384	465	1680	907	394	475	1690

图 17-22　截面方阵 C_{11}

(12) 按(1)的方法，由截面方阵 A_3 和截面方阵 $\hat{B}_4$ 构造截面方阵 C_{12}，如图 17-23 所示.

1057	220	625	1516	1070	233	638	1529	1074	237	642	1533
1543	1030	247	598	1556	1043	260	611	1560	1047	264	615
544	1597	976	301	557	1610	989	314	561	1614	993	318
274	571	1570	1003	287	584	1583	1016	291	588	1587	1020
1071	234	639	1530	1072	235	640	1531	1058	221	626	1517
1557	1044	261	612	1558	1045	262	613	1544	1031	248	599
558	1611	990	315	559	1612	991	316	545	1598	977	302
288	585	1584	1017	289	586	1585	1018	275	572	1571	1004
1073	236	641	1532	1059	222	627	1518	1069	232	637	1528
1559	1046	263	614	1545	1032	249	600	1555	1042	259	610
560	1613	992	317	546	1599	978	303	556	1609	988	313
290	587	1586	1019	276	573	1572	1005	286	583	1582	1015

图 17-23　截面方阵 C_{12}

截面方阵 C_1，C_2，C_3，C_4，C_5，C_6，C_7，C_8，C_9，C_{10}，C_{11}，和截面方阵 C_{12} 组成的 12 阶立方阵 C 就是一个幻立方，其幻立方常数为 10374.

由一个 3 阶幻立方和一个 5 阶幻立方用上述方法构造一个 15 阶幻立方，你会吗？

能举一反三的你是行的.

17.2 构造高阶 f 次幻立方的加法

给定一个 m 阶幻立方 A, 一个 n 阶幻立方 B, 如何去构造一个 mn 阶幻立方 C?

第一步, 记 B 阶幻立方 B 的 n 个截面方阵为 B_1, B_2,$\cdots$,B_n, 幻立方 B 的每一个元素减 1 然后乘 m^3 代替原先的元素得由截面方阵 $\hat{B}_1$, $\hat{B}_2$,$\cdots$, $\hat{B}_n$ 构成的 n 阶幻立方 $\hat{B}$.

第二步, m 阶幻立方 A 中的元素以一个同元 (该元素) 的 n 阶立方阵代替之, 得到一个由这些 n 阶立方阵组成的 mn 阶非正规幻立方.

以 m^3 个 n 阶幻立方 $\hat{B}$ 为元组成另一个 mn 阶立方阵, 它也是一个 mn 阶非正规幻立方.

由上面两个非正规幻立方对应元素相加所得 mn 阶立方阵 C 就是一个正规的 mn 阶幻立方, 即它是由 $1 \sim (mn)^3$ 的自然数所组成.

以 $A_1 \sim A_m$ 表 m 阶幻立方 A 的截面方阵, 以 C_{tm+s} $t = 0,1,\cdots,m-1$ $s = 1,2,\cdots,n$ 表示幻立方 C 的截面方阵, 则 C_{tm+s} 由截面方阵 A_{t+1} 与截面方阵 $\hat{B}_S$ 产生, 方法是截面方阵 A_{t+1} 中的元素以一个同元 (该元素) 的 n 阶方阵代替之, 得到一个由这些 n 阶方阵组成的 mn 阶方阵; 以 m^2 个 n 阶截面方阵 $\hat{B}_S$ 为元组成另一个 mn 阶方阵, 由上面两个 mn 阶方阵对应元素相加所得 mn 阶方阵就是幻立方 C 的截面方阵 C_{tm+s}, 而这些截面方阵 C_{tm+s} $t = 0,1,\cdots,m-1$ $s = 1,2,\cdots,n$ 就构成了一个正规的 mn 阶幻立方.

上节讲述的方法与此处讲述的方法实际上是相同的, 上节只是直接写出结果罢了.

类似于文献 [2] 中的证明, 可以证明

如果 m 阶幻立方 A, n 阶幻立方 B 都是空间对称的, 则 mn 阶幻立方 C 也是空间对称的.

如果 m 阶幻立方 A, n 阶幻立方 B 都是空间完美的, 则 mn 阶幻立方 C 也是空间完美的.

如果 m 阶幻立方 A,n 阶幻立方 B 都是 f 次幻立方, 则 mn 阶幻立方 C 也是 f 次幻立方.

第三部分 二次幻方

高次幻方是现今中外幻方研究者正在攀登的幻方领域的顶峰，近年中国学者取得了众多世界嘱目的成果，如 2003 年 2 月，延安教育学院的高治源和西藏地质调查院的潘凤雏的 12 阶三次幻方和 2005 年汕头大学陈钦梧和陈沐天的 16 阶三次幻方. 高次幻方成果的取得都是单个的，既有规律性也带一定的偶然性. 不能笼统地说最难得到的是低阶高次幻方或高阶高次幻方，因为 8 阶二次幻方首先是弗洛劳夫（Frolow）于 1892 年就已发现的 [4]. 至于高阶高次幻方，"构造高阶 f 次幻方的加法" [2] 已给出了一种解决方法. 所以世界难题应是某些特定阶数的高次幻方.

在这一部分里只想通过一个 9 阶二次兼对称幻方的构造过程和一个 8 阶二次兼完美幻方的构造过程，向读者展示构造二次幻方过程中会遇到那些问题，以及可能的解决办法.

第18章　9阶二次兼对称幻方

若要构造一个9阶二次幻方，首先要解决的一个问题是，1～81如何平均分成9组，且使每组9个数的和相等，其平方和亦相等．

第一步，寻找构成基方阵A的3个3×9方阵．

(1) 构成基方阵A的第一个3×9方阵A_1.

图18-1是1个3×3的方阵，每行3个数字之和都等于15.

7	2	6
3	4	8
5	9	1

图18–1　3×3的方阵

图18-2是1个1×9的方阵，9个数字之和等于324.

0	9	18	27	36	45	54	63	72

图18–2　1×9的方阵

图18-3是1个由图18-1 3×3的方阵衍生的3×9方阵，每行9个数字之和都等于45.

7	2	6	3	4	8	5	9	1
3	4	8	5	9	1	7	2	6
5	9	1	7	2	6	3	4	8

图18–3　衍生的3×9方阵

图18-4是1个3×9方阵，由图18-3各列的3个数都加上图18-2同列的数所得．

7	11	24	30	40	53	59	72	73
3	13	26	32	45	46	61	65	78
5	18	19	34	38	51	57	67	80

图 18-4　构成基方阵 A 的 3×9 方阵 A_1

图 18-4 每行 9 个数字之和都等于 369, 其平方和都等于 20049.

(2) 构成基方阵 A 的第二个 3×9 方阵 A_2.

图 18-1 3×3 方阵各行向右顺移一个位置得 1 个新的 3×3 的方阵, 如图 18-5 所示.

6	7	2
8	3	4
1	5	9

图 18-5　右移所得 3×3 方阵

图 18-6 是 1 个由图 18-5 3×3 的方阵衍生的 3×9 方阵, 每行 9 个数字之和都等于 45.

6	7	2	8	3	4	1	5	9
8	3	4	1	5	9	6	7	2
1	5	9	6	7	2	8	3	4

图 18-6　衍生的 3×9 方阵

图 18-7 是 1 个 3×9 方阵, 由图 18-6 各列的 3 个数都加上图 18-2 同列的数所得.

6	16	20	35	39	49	55	68	81
8	12	22	28	41	54	60	70	74
1	14	27	33	43	47	62	66	76

图 18-7　构成基方阵 A 的 3×9 方阵 A_2

图 18-7 每行 9 个数字之和都等于 369, 其平方和都等于 20049.

(3) 构成基方阵 A 的第三个 3×9 方阵 A_3.

图 18-5 3×3 方阵各行向右顺移一个位置又得 1 个新的 3×3 的方阵, 如图 18-8 所示.

2	6	7
4	8	3
9	1	5

图 18-8　再次右移所得 3×3 方阵

图 18-9 是 1 个由图 18-8　3×3 的方阵衍生的 3×9 方阵,每行 9 个数字之和都等于 45.

2	6	7	4	8	3	9	1	5
4	8	3	9	1	5	2	6	7
9	1	5	2	6	7	4	8	3

图 18-9　衍生的 3×9 方阵

图 18-10 是 1 个 3×9 方阵,由图 18-9 各列的 3 个数都加上图 18-2 同列的数所得.

2	15	25	31	44	48	63	64	77
4	17	21	36	37	50	56	69	79
9	10	23	29	42	52	58	71	75

图 18-10　构成基方阵 A 的 3×9 方阵 A_3

图 18-10 每行 9 个数字之和都等于 369,其平方和都等于 20049.

第二步,构造基方阵 A.

图 18-4 方阵 A_1,图 18-7 方阵 A_2 和图 18-10 方阵 A_3 从上到下依次排在一起组成 1 个 9×9 方阵,称为基方阵 A,如图 18-11 所示.

7	11	24	30	40	53	59	72	73
3	13	26	32	45	46	61	65	78
5	18	19	34	38	51	57	67	80
6	16	20	35	39	49	55	68	81
8	12	22	28	41	54	60	70	74
1	14	27	33	43	47	62	66	76
2	15	25	31	44	48	63	64	77
4	17	21	36	37	50	56	69	79
9	10	23	29	42	52	58	71	75

图 18-11　基方阵 A

基方阵 A 每行 9 个数字之和都等于 369,其平方和都等于 20049.

第三步,分段的列变换.

基方阵 A 上方 3×9 方阵 A_1,下方 3×9 方阵 A_3 做列交换得方阵 B,列变换的方式由方阵 B 中浅灰格显示,如图 18-12 所示.

7	40	53	30	72	73	59	11	24
3	45	46	32	65	78	61	13	26
5	38	51	34	67	80	57	18	19
6	16	20	35	39	49	55	68	81
8	12	22	28	41	54	60	70	74
1	14	27	33	43	47	62	66	76
2	15	48	31	44	77	63	64	25
4	17	50	36	37	79	56	69	21
9	10	52	29	42	75	58	71	23

图 18-12　方阵 B

第四步，方阵 B 各行顺移得方阵 C，顺移的方式由方阵 C 中浅灰格显示，如图 18-13 所示．

72	73	59	11	24	7	40	53	30
13	26	3	45	46	32	65	78	61
38	51	34	67	80	57	18	19	5
55	68	81	6	16	20	35	39	49
8	12	22	28	41	54	60	70	74
33	43	47	62	66	76	1	14	27
77	63	64	25	2	15	48	31	44
21	4	17	50	36	37	79	56	69
52	29	42	75	58	71	23	9	10

图 18-13　方阵 C

方阵 C 是一个 9 阶二次幻方，其本身是一个对称幻方，幻方常数为 369，各个数字平方后所得幻方的幻方常数为 20049．为了让读者有一个清晰的印象，各个数字平方后所形成的幻方如图 18-14 所示．

5184	5329	3481	121	576	49	1600	2809	900
169	676	9	2025	2116	1024	4225	6084	3721
1444	2601	1156	4489	6400	3249	324	361	25
3025	4624	6561	36	256	400	1225	1521	2401
64	144	484	784	1681	2916	3600	4900	5476
1089	1849	2209	3844	4356	5776	1	196	729
5929	3969	4096	625	4	225	2304	961	1936
441	16	289	2500	1296	1369	6241	3136	4761
2704	841	1764	5625	3364	5041	529	81	100

图 18-14　二次幻方 C 各个数字平方后所形成的幻方

用类似的方法可以得到多少个不同的 9 阶二次幻方？

由 9 阶二次幻方 C, 通过把上方三行整体平移至底部, 就产生另一个 9 阶二次幻方 D, 如图 18-15 所示.

55	68	81	6	16	20	35	39	49
8	12	22	28	41	54	60	70	74
33	43	47	62	66	76	1	14	27
77	63	64	25	2	15	48	31	44
21	4	17	50	36	37	79	56	69
52	29	42	75	58	71	23	9	10
72	73	59	11	24	7	40	53	30
13	26	3	45	46	32	65	78	61
38	51	34	67	80	57	18	19	5

图 18-15　9 阶二次幻方 D

9 阶二次幻方 D 各个数字平方后所形成的幻方如图 18-16 所示.

3025	4624	6561	36	256	400	1225	1521	2401
64	144	484	784	1681	2916	3600	4900	5476
1089	1849	2209	3844	4356	5776	1	196	729
5929	3969	4096	625	4	225	2304	961	1936
441	16	289	2500	1296	1369	6241	3136	4761
2704	841	1764	5625	3364	5041	529	81	100
5184	5329	3481	121	576	49	1600	2809	900
169	676	9	2025	2116	1024	4225	6084	3721
1444	2601	1156	4489	6400	3249	324	361	25

图 18-16　二次幻方 D 各个数字平方后所形成的幻方

由 9 阶二次幻方 D, 通过把上方三行整体平移至底部, 就产生不同的又一个 9 阶二次幻方 E, 如图 18-17 所示.

77	63	64	25	2	15	48	31	44
21	4	17	50	36	37	79	56	69
52	29	42	75	58	71	23	9	10
72	73	59	11	24	7	40	53	30
13	26	3	45	46	32	65	78	61
38	51	34	67	80	57	18	19	5
55	68	81	6	16	20	35	39	49
8	12	22	28	41	54	60	70	74
33	43	47	62	66	76	1	14	27

图 18-17　9 阶二次幻方 E

由 9 阶二次幻方 C, 通过把左方三列整体平移至右方, 就产生不同的另一个 9 阶二次幻方 F, 如图 18-18 所示.

11	24	7	40	53	30	72	73	59
45	46	32	65	78	61	13	26	3
67	80	57	18	19	5	38	51	34
6	16	20	35	39	49	55	68	81
28	41	54	60	70	74	8	12	22
62	66	76	1	14	27	33	43	47
25	2	15	48	31	44	77	63	64
50	36	37	79	56	69	21	4	17
75	58	71	23	9	10	52	29	42

图 18-18　9 阶二次幻方 F

由 9 阶二次幻方 F, 通过把左方三列整体平移至右方, 就产生不同的又一个 9 阶二次幻方 G, 如图 18-19 所示.

40	53	30	72	73	59	11	24	7
65	78	61	13	26	3	45	46	32
18	19	5	38	51	34	67	80	57
35	39	49	55	68	81	6	16	20
60	70	74	8	12	22	28	41	54
1	14	27	33	43	47	62	66	76
48	31	44	77	63	64	25	2	15
79	56	69	21	4	17	50	36	37
23	9	10	52	29	42	75	58	71

图 18-19　9 阶二次幻方 G

对 9 阶二次幻方 D, 9 阶二次幻方 E 作类似于对 9 阶二次幻方 C 所作的右移可得另外 4 个不同的 9 阶二次幻方, 你能写出并验证它们确是 9 阶二次幻方吗? 这里共得到了 9 个 9 阶二次幻方. 还能得到更多的 9 阶二次幻方吗?

能. 若第一步时我们选取不同的 3×3 方阵则可得出另外 9 个 9 阶二次幻方, 为免赘述起见我们只列出一个 9 阶二次幻方构造过程的图形而不再重复那些说明.

第一步, 寻找构成基方阵 A 的 3 个 3×9 方阵.

(1)

3	4	8
5	9	1
7	2	6

图 18-20　3×3 的方阵

0	9	18	27	36	45	54	63	72

图 18-21　1×9 的方阵

3	4	8	5	9	1	7	2	6
5	9	1	7	2	6	3	4	8
7	2	6	3	4	8	5	9	1

图 18-22　衍生的 3×9 方阵

3	13	26	32	45	46	61	65	78
5	18	19	34	38	51	57	67	80
7	11	24	30	40	53	59	72	73

图 18-23　构成基方阵 A 的 3×9 方阵 A_1

(2)

8	3	4
1	5	9
6	7	2

图 18-24　3×3 的方阵

8	3	4	1	5	9	6	7	2
1	5	9	6	7	2	8	3	4
6	7	2	8	3	4	1	5	9

图 18-25　衍生的 3×9 方阵

8	12	22	28	41	54	60	70	74
1	14	27	33	43	47	62	66	76
6	16	20	35	39	49	55	68	81

图 18-26　构成基方阵 A 的 3×9 方阵 A_2

(3)

4	8	3
9	1	5
2	6	7

图 18-27　3×3 的方阵

4	8	3	9	1	5	2	6	7
9	1	5	2	6	7	4	8	3
2	6	7	4	8	3	9	1	5

图 18-28　衍生的 3×9 方阵

4	17	21	36	37	50	56	69	79
9	10	23	29	42	52	58	71	75
2	15	25	31	44	48	63	64	77

图 18-29　构成基方阵 A 的 3×9 方阵 A_3

第二步，

3	13	26	32	45	46	61	65	78
5	18	19	34	38	51	57	67	80
7	11	24	30	40	53	59	72	73
8	12	22	28	41	54	60	70	74
1	14	27	33	43	47	62	66	76
6	16	20	35	39	49	55	68	81
4	17	21	36	37	50	56	69	79
9	10	23	29	42	52	58	71	75
2	15	25	31	44	48	63	64	77

图 18-30　基方阵 A

第三步，

3	45	46	32	65	78	61	13	26
5	38	51	34	67	80	57	18	19
7	40	53	30	72	73	59	11	24
8	12	22	28	41	54	60	70	74
1	14	27	33	43	47	62	66	76
6	16	20	35	39	49	55	68	81
4	17	50	36	37	79	56	69	21
9	10	52	29	42	75	58	71	23
2	15	48	31	44	77	63	64	25

图 18-31　方阵 B

第四步，

65	78	61	13	26	3	45	46	32
18	19	5	38	51	34	67	80	57
40	53	30	72	73	59	11	24	7
60	70	74	8	12	22	28	41	54
1	14	27	33	43	47	62	66	76
35	39	49	55	68	81	6	16	20
79	56	69	21	4	17	50	36	37
23	9	10	52	29	42	75	58	71
48	31	44	77	63	64	25	2	15

图 18-32　9 阶二次幻方 H

4225	6084	3721	169	676	9	2025	2116	1024
324	361	25	1444	2601	1156	4489	6400	3249
1600	2809	900	5184	5329	3481	121	576	49
3600	4900	5476	64	144	484	784	1681	2916
1	196	729	1089	1849	2209	3844	4356	5776
1225	1521	2401	3025	4624	6561	36	256	400
6241	3136	4761	441	16	289	2500	1296	1369
529	81	100	2704	841	1764	5625	3364	5041
2304	961	1936	5929	3969	4096	625	4	225

图 18-33　二次幻方 H 各个数字平方后所形成的幻方

第一步时我们有 6 种不同的选取 3×3 方阵的方法，所以我们可得到 6×9=54 个不同的 9 阶二次幻方．你能造出一个与上述不同的 9 阶二次幻方并验证它们确是 9 阶二次幻方吗？更进一步地除了上述 6 种不同的选取 3×3 方阵的方法外还有其他的选取具有同样特性的 3×3 方阵的方法，这些 3×3 方阵用类似的方法能造出 9 阶二次幻方吗？试试看并记得加以验证．在这个过程中你一定会感受到正在攀登幻方领域高峰的快感与乐趣的．

第19章 8阶二次兼完美幻方

本章要讲述的是 6 个异基因的 8 阶二次兼完美幻方, 每一个又可以衍生出 16 个同基因的 8 阶二次兼完美幻方, 共 96 个 8 阶二次兼完美幻方, 包括构造方法, 构造时要遵从的准则和为什么会有这些准则, 以及构造过程中如何预判结果是否符合要求. 任一个 8 阶二次兼完美幻方, 又如何产生 16 个 (包括自身, 也许更多) 同基因 8 阶二次兼完美幻方. 此处两个幻方若其对应行, 列, 对角线由相同的元素组成, 只是各元素在该行, 列或对角线上所处的位置不同, 称为同基因幻方. 若不完全相同, 则称为异基因幻方.

19.1 构造 6 个异基因 8 阶二次兼完美幻方

(1) 先构造头一对 8 阶二次兼完美幻方.

第一步, 由 8 组 0 ~ 7 的自然数构造一个非正规的 8 阶完美幻方, 如图 19-1 方阵 A_1 所示.

5	2	6	1	4	3	7	0
7	0	4	3	6	1	5	2
2	5	1	6	3	4	0	7
0	7	3	4	1	6	2	5
3	4	0	7	2	5	1	6
1	6	2	5	0	7	3	4
4	3	7	0	5	2	6	1
6	1	5	2	7	0	4	3

图 19-1 方阵 A_1

由 8 组 1～8 的自然数构造一个非正规的 8 阶完美幻方，如图 19-2 方阵 B_1 所示.

1	3	5	7	4	2	8	6
4	2	8	6	1	3	5	7
2	4	6	8	3	1	7	5
3	1	7	5	2	4	6	8
5	7	1	3	8	6	4	2
8	6	4	2	5	7	1	3
6	8	2	4	7	5	3	1
7	5	3	1	6	8	2	4

图 19-2　方阵 B_1

但要保证方阵 A_1，方阵 B_1 对应行，列，对角线上相同位置上元素乘积之和都为 126.

第二步，方阵 A_1 的元素乘以 8，再加上方阵 B_1 相同位置上的数字，就得到方阵 C_1. 方阵 C_1 就是一个 8 阶二次兼完美幻方，如图 19-3 所示.

41	19	53	15	36	26	64	6
60	2	40	30	49	11	45	23
18	44	14	56	27	33	7	61
3	57	31	37	10	52	22	48
29	39	1	59	24	46	12	50
16	54	20	42	5	63	25	35
38	32	58	4	47	21	51	9
55	13	43	17	62	8	34	28

图 19-3　方阵 C_1

构造一个与 8 阶二次兼完美幻方 C_1 对角线相同异基因的 8 阶二次兼完美幻方 C_2. 方阵 A_2 如图 19-4 所示.

5	4	7	6	3	2	1	0
1	0	3	2	7	6	5	4
3	2	1	0	5	4	7	6
7	6	5	4	1	0	3	2
4	5	6	7	2	3	0	1
0	1	2	3	6	7	4	5
2	3	0	1	4	5	6	7
6	7	4	5	0	1	2	3

图 19-4　方阵 A_2

方阵 B_2 如图 19-5 所示.

1	7	8	2	5	3	4	6
8	2	1	7	4	6	5	3
3	5	6	4	7	1	2	8
6	4	3	5	2	8	7	1
4	6	5	3	8	2	1	7
5	3	4	6	1	7	8	2
2	8	7	1	6	4	3	5
7	1	2	8	3	5	6	4

图 19-5 方阵 B_2

方阵 A_2 的元素乘以 8, 再加上方阵 B_2 相同位置上的数字, 就得到方阵 C_2. 8 阶二次兼完美幻方 C_2 如图 19-6 所示.

41	39	64	50	29	19	12	6
16	2	25	23	60	54	45	35
27	21	14	4	47	33	58	56
62	52	43	37	10	8	31	17
36	46	53	59	24	26	1	15
5	11	20	30	49	63	40	42
18	32	7	9	38	44	51	61
55	57	34	48	3	13	22	28

图 19-6 8 阶二次兼完美幻方 C_2

(2) 构造第二对对角线相同异基因的 8 阶二次兼完美幻方 C_3 和 C_4.

方阵 A_3 如图 19-7 所示.

3	4	0	7	2	5	1	6
1	6	2	5	0	7	3	4
4	3	7	0	5	2	6	1
6	1	5	2	7	0	4	3
5	2	6	1	4	3	7	0
7	0	4	3	6	1	5	2
2	5	1	6	3	4	0	7
0	7	3	4	1	6	2	5

图 19-7 方阵 A_3

方阵 A_4 如图 19-8 所示.

3	2	1	0	5	4	7	6
7	6	5	4	1	0	3	2
5	4	7	6	3	2	1	0
1	0	3	2	7	6	5	4
2	3	0	1	4	5	6	7
6	7	4	5	0	1	2	3
4	5	6	7	2	3	0	1
0	1	2	3	6	7	4	5

图 19–8　方阵 A_4

由方阵 A_3 和方阵 B_1 得 8 阶二次兼完美幻方 C_3，如图 19-9 所示.

25	35	5	63	20	42	16	54
12	50	24	46	1	59	29	39
34	28	62	8	43	17	55	13
51	9	47	21	58	4	38	32
45	23	49	11	40	30	60	2
64	6	36	26	53	15	41	19
22	48	10	52	31	37	3	57
7	61	27	33	14	56	18	44

图 19–9　8 阶二次兼完美幻方 C_3

由方阵 A_4 和方阵 B_2 得 8 阶二次兼完美幻方 C_4，如图 19-10 所示.

25	23	16	2	45	35	60	54
64	50	41	39	12	6	29	19
43	37	62	52	31	17	10	8
14	4	27	21	58	56	47	33
20	30	5	11	40	42	49	63
53	59	36	46	1	15	24	26
34	48	55	57	22	28	3	13
7	9	18	32	51	61	38	44

图 19–10　8 阶二次兼完美幻方 C_4

19.1.1　为什么我们这样得出的幻方会是一个 8 阶二次兼完美幻方呢?

因为方阵 $A_1 \sim A_4$ 每一行，列，对角线都取遍 0 ~ 7 的数，每一个都是一个非正规幻方, 幻方常数为 $\sum_{i=0}^{i=7} i = 28$, 乘 8 后为 $8\cdot 28=224$.

方阵 B_1, B_2 每一行, 列, 对角线都取遍 $1 \sim 8$ 的数, 每一个都是一个非正规幻方, 幻方常数为 $\sum_{i=1}^{i=8} i = 36$.

所以方阵 $C_1 \sim C_4$ 每一个都是一个幻方, 幻方常数为 224+36=260.

由于幻方 $A_1 \sim A_4$ 对角线或泛对角线上相隔 4 个位置的两个元素之和为 7, 保证了幻方的完美性. 幻方 B_1, B_2 对角线或泛对角线上相隔 4 个位置的两个元素之和为 9, 保证了幻方的完美性. 所以幻方 $C_1 \sim C_4$ 每一个都是一个 8 阶完美幻方.

19.1.2 那么为何 $C_1 \sim C_4$ 每一个又都是一个二次幻方呢?

设这些幻方某一行, 列或对角线上的元素为 $8a_k+b_k$

其中 a_k 取遍 $0 \sim 7$ 的自然数, 但不重复. b_k 取遍 $1 \sim 8$ 的自然数, 但不重复.

各个元素平方后的和为

$$\sum_{k=1}^{k=8}\left(8a_k + b_k\right)^2 = 64\sum_{k=1}^{k=8} a_k^2 + 16\sum_{k=1}^{k=8} a_k b_k + \sum_{k=1}^{k=8} b_k^2$$

$$= 64\cdot\frac{1}{6}\cdot 7\cdot 8\cdot(14+1)+16\cdot 126+\frac{1}{6}\cdot 8\cdot 9\cdot(16+1)$$

$$= 8960 + 2016 + 204 = 11180$$

完美幻方 $C_1 \sim C_4$ 每一个都是一个 8 阶二次幻方, 即都是一个 8 阶二次兼完美幻方.

读者应已了解构造一个 8 阶二次兼完美幻方, 关键是要构造 8 阶非正规完美幻方 A 与 B, 使对应行, 列, 对角线上相同位置上元素乘积之和都为 126. 要做到这一点, 是需要一定技巧和运气的. 所以要注意各个方阵 A 与方阵 B 本身的结构特点及方阵 A 与方阵 B 的搭配. 仔细观察 $A_1 \sim A_4$, B_1, B_2 及其关系, 你会得到某些启示的.

方阵 A 每一行, 列, 对角线一定都要取遍 $0 \sim 7$ 的数, 方阵 B 每一行, 列, 对角线也一定都要取遍 $1\sim 8$ 的数吗? 那倒是不必. 下面讲述的另外两个异基因组的 8 阶二次兼完美幻方就不是如此.

(3) 另外两个异基因组的 8 阶二次兼完美幻方 C_5 和 C_6.

方阵 A_5 如图 19-11 所示.

3	1	4	6	5	7	2	0
0	2	7	5	6	4	1	3
7	5	0	2	1	3	6	4
4	6	3	1	2	0	5	7
2	0	5	7	4	6	3	1
1	3	6	4	7	5	0	2
6	4	1	3	0	2	7	5
5	7	2	0	3	1	4	6

图 19-11　方阵 A_5

方阵 B_5 如图 19-12 所示.

6	7	5	8	2	3	1	4
1	4	2	3	5	8	6	7
1	4	2	3	5	8	6	7
6	7	5	8	2	3	1	4
7	6	8	5	3	2	4	1
4	1	3	2	8	5	7	6
4	1	3	2	8	5	7	6
7	6	8	5	3	2	4	1

图 19-12　方阵 B_5

方阵 A_5 的元素乘以 8, 再加上方阵 B_5 相同位置上的数字, 就得到方阵 C_5. 8 阶二次兼完美幻方 C_5 如图 19-13 所示.

30	15	37	56	42	59	17	4
1	20	58	43	53	40	14	31
57	44	2	19	13	32	54	39
38	55	29	16	18	3	41	60
23	6	48	61	35	50	28	9
12	25	51	34	64	45	7	22
52	33	11	26	8	21	63	46
47	62	24	5	27	10	36	49

图 19-13　8 阶二次兼完美幻方 C_5

方阵 A_6 如图 19-14 所示.

3	1	4	6	5	7	2	0
0	2	7	5	6	4	1	3
7	5	0	2	1	3	6	4
4	6	3	1	2	0	5	7
2	0	5	7	4	6	3	1
1	3	6	4	7	5	0	2
6	4	1	3	0	2	7	5
5	7	2	0	3	1	4	6

图 19-14　方阵 A_6

方阵 B_6 如图 19-15 所示.

1	4	2	3	5	8	6	7
6	7	5	8	2	3	1	4
6	7	5	8	2	3	1	4
1	4	2	3	5	8	6	7
4	1	3	2	8	5	7	6
7	6	8	5	3	2	4	1
7	6	8	5	3	2	4	1
4	1	3	2	8	5	7	6

图 19-15　方阵 B_6

方阵 A_6 的元素乘以 8, 再加上方阵 B_6 相同位置上的数字, 就得到方阵 C_6. 8 阶二次兼完美幻方 C_6 如图 19-16 所示.

25	12	34	51	45	64	22	7
6	23	61	48	50	35	9	28
62	47	5	24	10	27	49	36
33	52	26	11	21	8	46	63
20	1	43	58	40	53	31	14
15	30	56	37	59	42	4	17
55	38	16	29	3	18	60	41
44	57	19	2	32	13	39	54

图 19-16　8 阶二次兼完美幻方 C_6

完美幻方 C_5 和 C_6 为何又是二次幻方呢? 除了 8 阶非正规完美幻方 A 与 B, 对应行, 列, 对角线上相同位置上元素乘积之和都为 126 外, 还因为

$$1+4+6+7=2+3+5+8$$

$$1^2+4^2+6^2+7^2=2^2+3^2+5^2+8^2=\frac{1}{2}\sum_{k=1}^{k=8}k^2$$

$$7(1+4+6+7)=7(2+3+5+8)=126$$

你能构造出这样的一个 8 阶二次兼完美幻方 A, 其对应方阵 A 每一行, 列, 对角线取遍 $0\sim 7$ 的数, 而方阵 B 每一行, 列, 对角线并不取遍 $1\sim 8$ 的数?

19.2　同基因 8 阶二次兼完美幻方的产生

任何一个 8 阶二次兼完美幻方都可以以下四组共 16 个 (包括其本身) 对称变换各得到一个同基因的 8 阶二次兼完美幻方:

为方便起见, 标志①～⑧依次表示已知的 8 阶二次兼完美幻方的第 1 行至第 8 行, 以从左到右的顺序表示其在新幻方中的行数. 四组对称变换如下, 在以下每一个行变换后, 列亦要做同样的对称变换.

Ⅰ.(1) ①②③④　⑤⑥⑦⑧

　　(2) ④③②①　⑧⑦⑥⑤

　　(3) ①③②④　⑤⑦⑥⑧

　　(4) ④②③①　⑧⑥⑦⑤

Ⅱ.(1) ②①④③　⑥⑤⑧⑦

　　(2) ③④①②　⑦⑧⑤⑥

　　(3) ②④①③　⑥⑧⑤⑦

　　(4) ③①④②　⑦⑤⑧⑥

Ⅲ.(1) ①⑥⑦④　⑤②③⑧

　　(2) ⑤②③⑧　①⑥⑦④

　　(3) ④⑥⑦①　⑧②③⑤

　　(4) ⑧②③⑤　④⑥⑦①

Ⅳ.(1) ②⑤⑧③　⑥①④⑦

　　(2) ⑥①④⑦　②⑤⑧③

　　(3) ③⑤⑧②　⑦①④⑥

　　(4) ⑦①④⑥　③⑤⑧②

比如,对 8 阶二次兼完美幻方 C_1 按对称变换 I.(2),我们有与其同基因的 8 阶二次兼完美幻方 C_7,如图 19-17 所示.

37	31	57	3	48	22	52	10
56	14	44	18	61	7	33	27
30	40	2	60	23	45	11	49
15	53	19	41	6	64	26	36
17	43	13	55	28	34	8	62
4	58	32	38	9	51	21	47
42	20	54	16	35	25	63	5
59	1	39	29	50	12	46	24

图 19-17   同基因 8 阶二次兼完美幻方 C_7

按对称变换 IV.(2),我们有与 C_1 同基因的 8 阶二次兼完美幻方 C_8,如图 19-18 所示.

63	16	42	25	54	5	35	20
26	41	15	64	19	36	6	53
52	3	37	22	57	10	48	31
21	38	4	51	32	47	9	58
11	60	30	45	2	49	23	40
46	29	59	12	39	24	50	1
8	55	17	34	13	62	28	43
33	18	56	7	44	27	61	14

图 19-18   同基因 8 阶二次兼完美幻方 C_8

8 阶二次兼完美幻方 C_1,C_7 与 C_8 相应行,列,对角线由相同元素成,所以它们是同基因的 8 阶二次兼完美幻方.

读者可按所列其他对称变换或读者自己发现的对称变换,由一个已知的 8 阶二次兼完美幻方去得到一个同基因的 8 阶二次兼完美幻方.

如果采取类似的方式去获取一个属于你自己的 8 阶二次兼完美幻方,在探索过程中只需检测方阵 A 与方阵 B 相同行,列及对角线同一位置上两个元素乘积之和是否等于 126,即可预判所得结果是否一个 8 阶二次兼完美幻方,不必等到出了结果再去验算.

参考文献

[1] 詹森.《你亦可以造幻方》(丛书："棘手又迷人的数学" 科学出版社 2012.3）

[2] 詹森.构造高阶 f 次幻方的加法 [J].海南师范大学学报:自然科学版,2012,25(3): 263-267.

[3] 詹森,王辉丰.构造最完美幻方的三步法 [J].海南师范大学学报:自然科学版, 2013,26(4) : 387-392.

[4] 吴鹤龄.《幻方及其他》（丛书："好玩的数学" 科学出版社 2004）.

[5] 谈祥柏.《乐在其中的数学》（丛书："好玩的数学" 科学出版社 2004）.

[6] 詹森,王辉丰构造奇数 3(2m+l) 阶完美幻方的方法 [J]// 海南师范大学学报: 自然科学版 , 2014, 27(2) ：133-137.

[7] 詹森,王辉丰.构造 3n 阶完美幻方的五步法 [J].海南师范大学学报:自然 科学版 , 2014, 27(1) ：18-22.

[8] 詹森,王辉丰,黄澜,构造单偶数阶幻方的四步法 [J]// 海南师范大学学报:自 然科学版 , 2013, 26(2) :145-151.

[9] 詹森,王辉丰.构造奇数阶对称幻立方及对称完美幻立方的三步法 [J]// 海南 师范大学学报:自然科学版 , 2013,26(3) ：266-273.

[10] 詹森,王辉丰.构造奇数阶空间完美幻立方及空间对称完美幻立方的三步法 [J]// 海南师范大学学报:自然科学版 , 2015,28(4) .

[11] 詹森,王辉丰.构造奇数阶幻方,完美幻方和对称完美幻方的新方法 [J]// 海 南师范大学学报:自然科学版 ,2011,24(3) :265-269.

[12] 詹森,王辉丰.构造双偶数阶空间更完美幻立方的四步法 [J]// 海南师范大学 学报:自然科学版 , 2014,27(4) ：125-131.

后 记

幻方好玩得很，不只好玩还能增长玩者的智慧：抓住事物要害的能力与均衡的能力.

离开笔和纸能否玩幻方. 可以，"一种便携式完美幻方生成器"和手机上的计算器就能解决问题.

下面的例子说明幻方的魅力，也说明您也玩得了幻方. 2013 年 9 月中作者乘"欧洲之星"由英国伦敦到法国巴黎，邻座两位英国老归和一位中年妇女一路在玩"数独"，好不热闹. 当她们终于填好一个"数独"，作者出示即场造出的一个五阶对称完美幻方，在听完对该幻方的描述后，她们都露出惊诧的神情：怎么能做到如此神妙？这是什么东西？ 这叫幻方，来自古代中国的幻方. 如果你们有兴趣，五分钟教会你们. 当然，五分钟后她们就独立造出了一个属于她们自己的五阶对称完美幻方，因为本来就只是两步嘛. 她们很高兴，又问了 7 阶对称完美幻方七个数之和是不是还是 65，自然不是了. 到巴黎了，临别她们说回去要给朋友和孩子们显摆显摆.

玩幻方，玩出你的精彩.